TOTAL SKIN CARE STUDY GUIDE BOOK

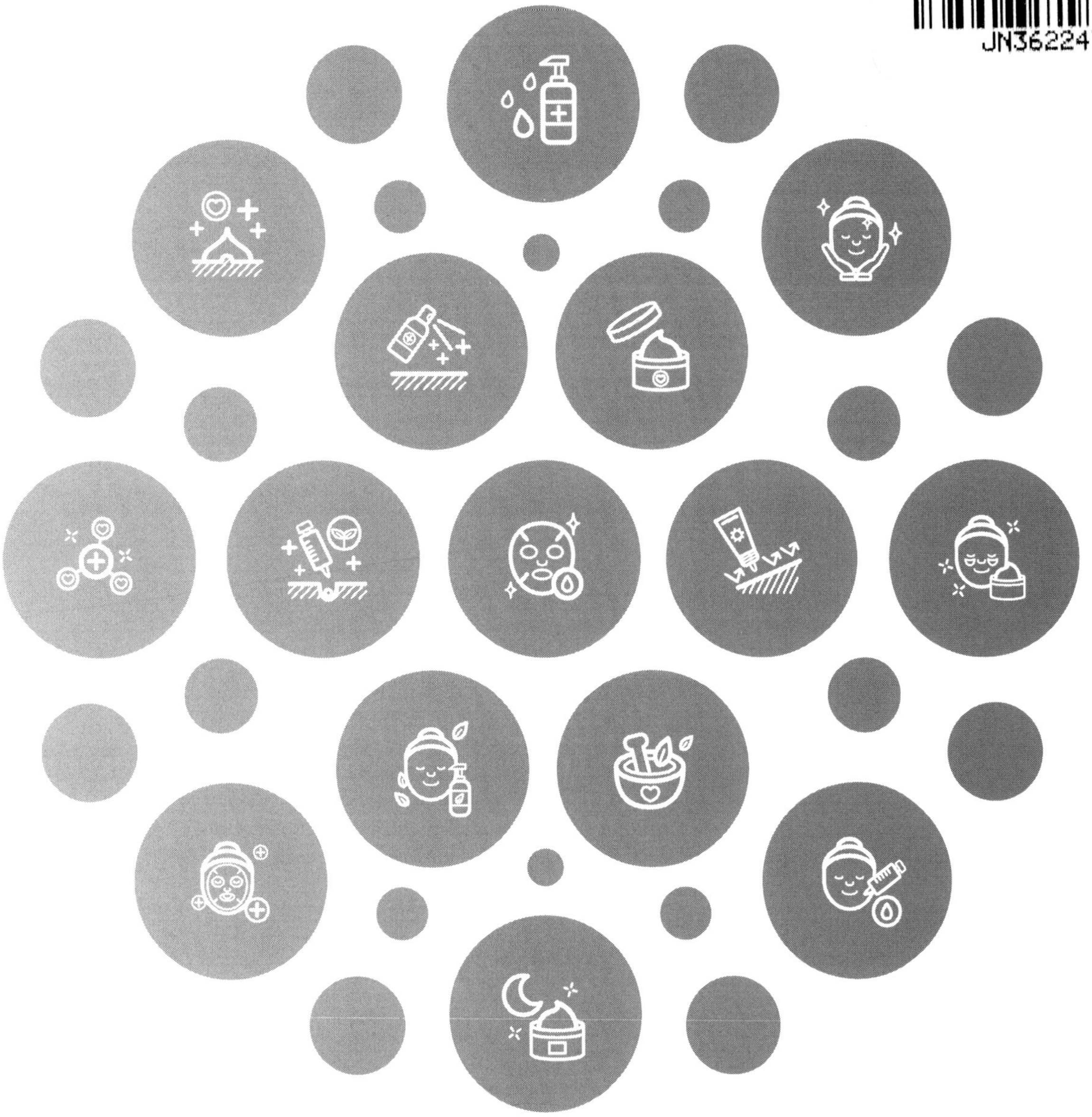

Face & Body
분석과 실전 가이드

저자 장혜륜

뷰티산업연구소

Face & Body
분석과 실전 가이드

저자 **장혜륜**

서경대학교 미용예술학박사
현) 서경대학교 글로벌뷰티테라피 & 코스메틱학과 겸임교수
현) 존스킨 코스메틱 책임연구원
현) 케이뷰티비지니스학회 상임이사

CONTENTS

1. 클렌징 (Cleansing) · 4
2. 딥클렌징 (Deep Cleansing) · 9
3. 눈썹 수정 및 염색 (Eye brow Shaping & Tinting) · · · · · · · · 14
4. 기기학 이론 (Equipment Theory) · 22
5. 기기의 종류 · 24
6. 얼굴 기기 (Facial Machine) · 36
7. 마사지 (Massage) · 66
8. 팩 (Pack) · 69
9. 마스크 (Mask) · 72
10. 화장품 성분 A to Z · 73
11. 피부에 영향을 미치는 요인 · 78
12. 피부유형 (Skin Types) · 81
13. 손톱 (Nail) · 88
14. 매니큐어 (MANICURE) · 90
15. 메이크업 (MAKE-UP) · 94
16. 전처리 (BODY PRE-HEATING) · 100
17. 후처리 (BODY WRAP Mask) · 102
18. 바디 기기(Body Machine) · 104
19. 제모 (Depilation) · 130

1 클렌징 (Cleansing)

1. 클렌징의 정의

피부 표면에 있는 화장품의 잔여물 및 노폐물을 제거하는 것이다.

2. 효과적인 클렌징을 위해서는

① 물은 미온수나 정제수를 사용하는 것이 좋다.
② 시작은 미지근한 물로, 마무리는 찬물을 사용하는 것이 좋다.
③ 세안제는 피부타입에 맞는 제품을 사용한다.
④ 동작은 힘을 빼고 가볍게 문지른다.

3. 클렌징제의 종류

1) 물 (WATER)
① 미지근한 물 : 35~40°C
② 뜨거운 물 : 45°C 이상, 자극적이다.
③ 찬물 : 피부수렴효과, 진정작용

2) Eye Make-Up Remover
① Point make-up을 지우는데 사용한다.
② 눈과 입은 보호막이 얇은 곳으로 자극을 적게 한다.
③ 움직임이 많은 곳으로 주름 예방 및 완화시킨다.

3) 클렌징 크림 (Cleansing Cream)
① 대부분 광물성 유성원료 함유
② 유분이 많이 이중세안이 필요하다.
③ 예민피부 사용을 가급적 피한다.
④ 진한 Make-up 상태에 사용이 용이하다.

4) 클렌징 로션 (Cleansing Lotion)
① 식물성 원료 함유
② 피부타입별로 사용이 가능하다
③ 친수성으로 이중세안이 불필요함

5) 클렌징 오일 (Cleansing Oil)
① 물과 친화력이 있는 수용성 유성원료 사용
② 짙은 화장에 용이하며 물에 쉽게 용해된다.
③ 건성, 예민, 노화피부에 효과적이다.

6) 클렌징 젤 (Cleansing Gel)
① 수성원료, 점액질 성분 함유
② 산뜻함, 청량감
③ 지성, 여드름 피부에 효과적이다.

7) 클렌징 워터 (Cleansing Water)
① 수성원료 함유
② 가볍고 산뜻한 느낌
③ cotton pad off 방법이 피부에 자극적일 수 있다.

8) 비누 (Soap)
① 알칼리 성분으로 피부에 있는 노폐물을 제거한다.
② 조직을 유연하게 하고 각질을 부풀게 한다.
③ 탈수, 탈지현상을 일으키어 피부를 건조하게 한다.

9) 토닉 로션 (Tonic Lotion)
① 보습기능
② 수렴, 청정효과
③ pH Balance 유지
④ 메이크업 잔여물 제거 효과

Oral Test 예상문제 클렌징

1. 클렌징의 목적은 무엇인가?

2. 클렌징의 목적 및 효과를 말하세요.

3. 건성피부에 적합한 클렌징 제품은 무엇인가?

4. 클렌징 단계에서 어떤 온도의 물이 세안이 가장 잘 되는가?

5. 클렌징 시 주의사항은 무엇인가?

▶ 클렌징 순서 그리기 – 1

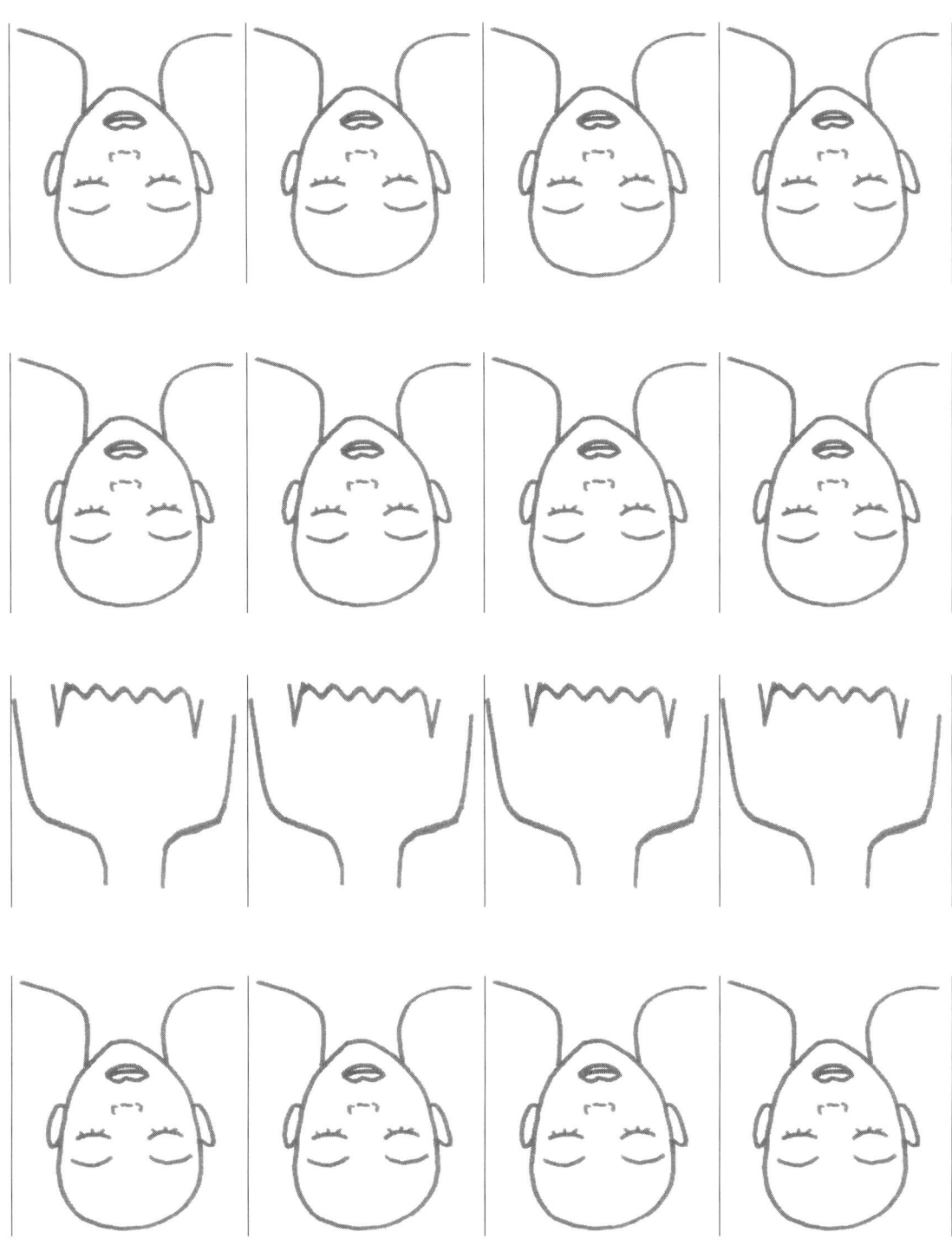

▶ 클렌징 순서 그리기 – 2

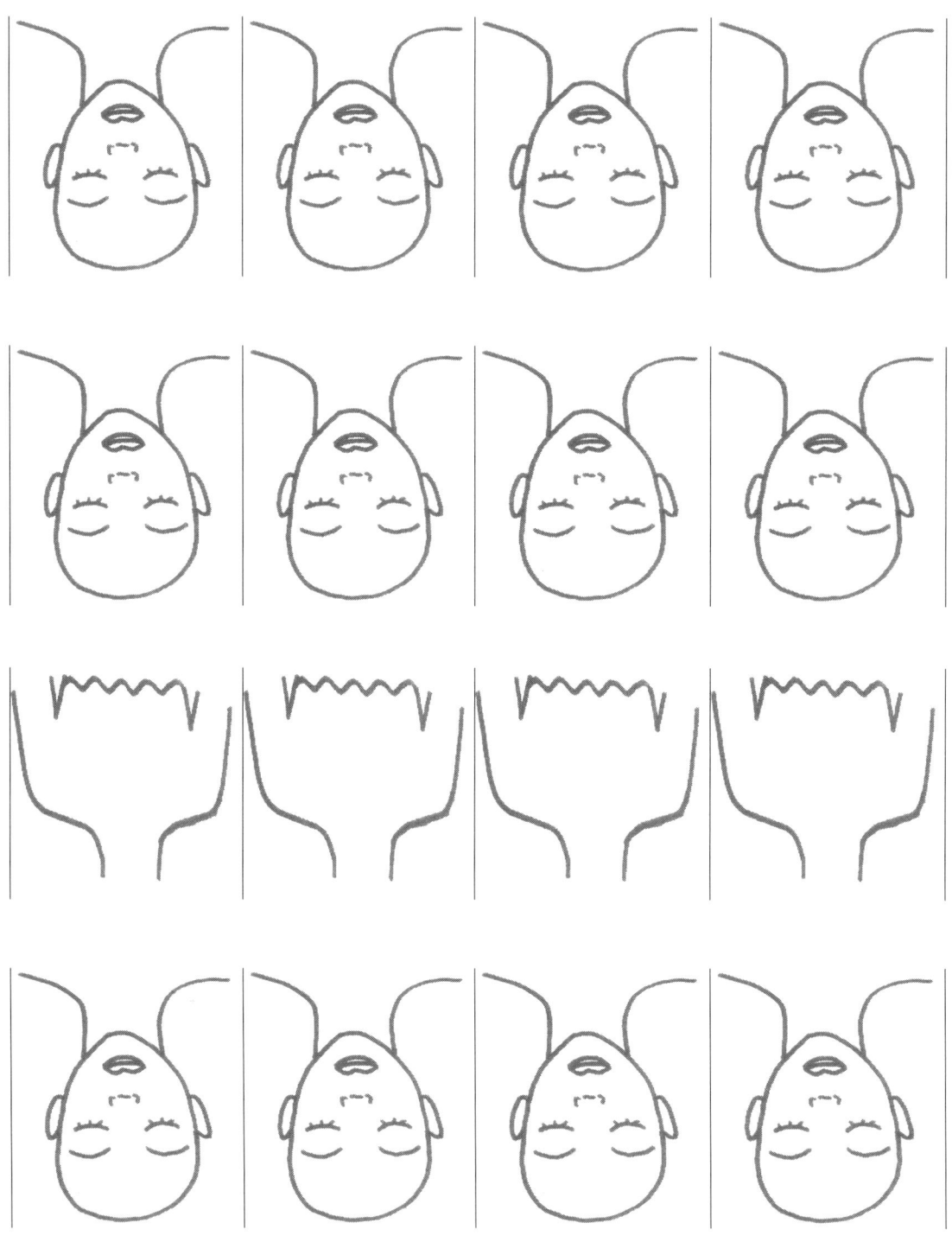

8 | 1. 클렌징 (Cleansing)

② 딥클렌징 (Deep Cleansing)

1. 효소필링 (Enzyme Peeling)

1) 효소란?
화학적 촉매제로 효소는 자신은 변화하지 않으면서 다른 물질을 변화시키는 단백질 성분을 말한다. 효소가 각질을 녹여서 탈락시킨다.

2) 어떤 피부타입에 좋은가?
- 모든 피부타입에 사용 가능
- 민감한 피부는 스크럽을 할 수 없으므로 효소 사용이 좋음

3) 효소의 사용조건은?
- **시간**: 최대한 15분 정도까지/ 보통 10분 적용/ 자주 관리하는 사람은 7분 적용
- **온도**: 38 ℃
- **습도**: 스티머, 온습포

☑ **스티머 효과 :**
- 모공을 열어 혈액순환을 좋게 함.
- 피부 표면의 각질을 부드럽게 해서 각질탈락을 도움.
- 피지 분비를 활발하게 해서 건성피부나 노화피부에 도움을 줌.

▷ **부적응증** : - 천식이나 감기 같은 호흡기환자,
  - 당뇨병, 주사, 민감부위, 모세혈관확장, 모세혈관 파열.

▷ 피부에서 30~50cm 떨어뜨려 사용해야 함. 스티머의 방향은 턱 아래를 향함.

▷ 눈에 아이패드를 해준다. 부분적으로 민감하면 젖은 솜으로 그 부위만 가려주거나, 바세린을 바르기도 함.

▷ **적용시간** : - 대체로 5~10분, 지성 10분, 정상 7분, 건성 3분 정도.
  - 지성 피부는 스티머의 거리는 좀 더 가까이 시간은 길게 적용해도 된다.
  - 민감한 피부는 스티머와의 거리는 멀리 떨어뜨리고 시간은 줄인다.
  - 오존(O3) 스팀은 지성피부나 뽀루지의 살균작용과 피지를 줄이는 작용을 함.

2. 스크럽 (with granules)

1) 스크럽 제품
- 성분 : 천연재료인 복숭아씨 미립자, 살구씨 미립자가 들어있다.
- 민감한 피부는 사용할 수 없음. 물리적 필링 방법에 속한다.

3. 프리마톨 (Brush, Frimator)

1) 프리마톨은?
- 기계를 사용한 물리적 필링법. 죽은 각질을 브러시를 가지고 제거한다.
- 브러시는 피부와 90°를 유지하고 클렌징 크림을 도포함.
- 과하게 자극을 주지 않아야 하므로 3분 이상은 적용하지 않는 것이 좋음.
- 혈액 순환을 촉진하고 노화각질을 제거함. 각질이 많은 피부에 좋음.
- 민감 피부는 피하는 것이 좋다.

4. 고마쥬 (Gommage)

1) 고마쥬란?
- 불어로 지운다는 뜻. 물리적이며 화학적인 필링제이다.
- 성분 : 카올린과 렉틱산, 고마쥬 성분이 있음.
- 마쥬가 마르면 피부결 방향으로 러빙하여 닦아낸다. 민감피부는 피함.

5. 디스인크러스테이션 (Disincrustation)

1) 디스인크러스테이션은?
퇴적물 층을 벗겨낸다는 뜻을 지님. 갈바닉 전류를 이용한 화학적 딥클렌징

2) 기본 전기이론
- 사용하는 전류는 직류.
- 낮은 전압의 직류를 사용함
- 직류전기가 조직을 통과할 때 소금물은 이온화되어 산과 알칼리로 반응함.
- 양극과 음극은 다른 극은 서로 잡아당기고 같은 극은 서로 미는 성질을 이용. 디스인크러스테이션은 음이온은 양이온을 잡아당기는 성질을 이용한다.
- 갈바닉 전류가 효과를 보려면 반드시 전해질(소금물)이 필요함.
- 갈바닉기기의 전기극봉은 양극과 음극이다.
- 관리사가 쥐고 있는 극이 활성극이고, 전류를 통하게 하기 위하여 고객에게 댄 극이 비활성극이다.

3) 전기분해

NaCl(염화나트륨, 중탄산나트륨, 소금) + H2O(물)
= NaOH(수산화나트륨, 비누) + HCl(염산)

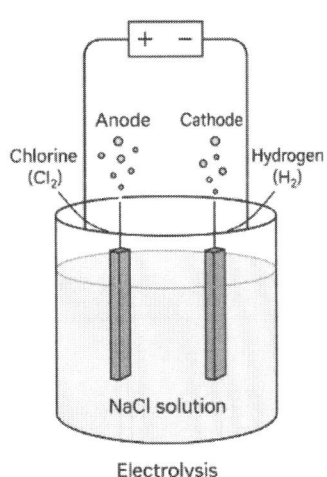

[그림 1] 염화나트륨의 전기분해

4) 양극과 음극에서 일어나는 화학변화

음극 (−)	극간	양극 (+)
알칼리 반응 수산화 나트륨 발생 신경종말을 자극 혈액순환을 증진 피부조직을 진정시킴 모공을 열기 각질 녹이기	혈액순환 촉진 림프순환 촉진 체온상승 신진대사 증진	산 반응 염화수소 발생 신경안정 홍반이 진정됨 모공 수렴효과 산성막 회복

- **이온영동원리** : (+) ← → (+) / (−) ← → (−) : 같은 극끼리 밀어냄
  (+) →← (−) : 다른 극끼리 잡아당김

5) 효과와 원리

- 음극에서 알칼리반응이 일어나서 소금물이 비누화 됨.
- 모공이 확장되고 각질이 녹여지는 효능이 있음.
- 지성피부에 좋은 딥클렌징으로 (_)극에서 7분, (+)극에서 3분 정도로 마무리한다.
- 극성을 바꿀 때는 천천히 다이얼을 내려 끄고 도자의 솜을 바꾼 후에 (+)극을 도자를 얼굴에 먼저 대고 천천히 켜서 다이얼을 높인다. 정상피부는 5분 정도 관리한다.

6) 사용방법
- 얼굴은 0.2~0.6 mA 사용(최대 2 mA)
- 시작은 저항이 적은 턱이나 이마에서 시작한다.(저항이 세면 전류를 더 강하게 해야 함. 저항이 적은 부위로 가면 전기가 너무 강함)
- 고객 및 관리사의 모든 금속 장식물을 모두 제거
- 기계의 느낌에 대해 고객에게 설명함(찌릿찌릿한 느낌)
- 기계를 다이얼 '0'에 둠
- 고객의 팔이나 등에 비활성극 도자를 댐
- 식염수를 도포함
- 도자를 이마에 먼저 댄 후에 천천히 움직이면서 스위치를 ON
- 다이얼은 천천히 돌리면서 전류세기를 높임
- 눈 부위를 할 때는 전류가 통하지 않게 주의해야 함
- 마무리 시 도자를 이마에 댄 후 천천히 다이얼을 내리고 OFF

7) 주의사항
- 전기쇼크 (Shock) : 도자를 얼굴에 대지 않고 다이얼을 켜거나 끄면 쇼크가 일어남.
- 갈바닉 화상 (Burn) : 너무 전류를 세게 하거나, 한 부위를 너무 여러 번 하거나, 그냥 피부에 대고 있거나, 도자를 세워서 시술하면 화상이 일어남.

8) 부적응증
- 금속핀을 부착한 사람
- 인공심박기를 부착한 사람
- 너무 많은 금니, 교정기가 부착된 경우
- 심혈관계 질환자
- 임산부
- 간질
- 당뇨병
- 과민한 피부
- 심한 모세혈관 확장부위
- 화농성 여드름
- 진행 중인 여드름

Oral Test 예상문제 딥클렌징

1. 딥클렌징의 목적은 무엇인가?

2. 고객의 피부상태에 맞는 딥클렌징을 정리하세요.

   ■ 정상 피부 :

   ■ 건성 피부 :

   ■ 지성 피부 :

   ■ 여드름 피부 :

   ■ 노화 피부 :

3. 스크럽/ 효소/ 고마쥐 제품의 성분 및 특징을 쓰세요.

   ■ 스크럽 :

   ■ 효소 :

   ■ 고마쥐 :

3. 눈썹 수정 및 염색(Eye brow Shaping & Tinting)

1. 눈썹 수정

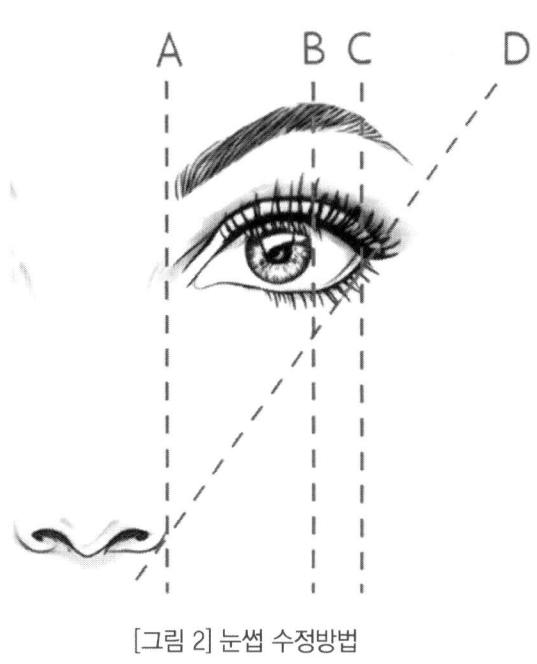

[그림 2] 눈썹 수정방법

- 눈썹머리(A) : 콧망울에서 눈앞머리와 일직선
- 눈썹산(B) : 눈을 정면으로 뜨게한 후 콧망울에서 검은 눈동자 가운데 점
- 눈썹꼬리(D) : 콧망울과 눈꼬리 안쪽 지점과 연결

* 만약에 콧망울이나 넓은 사람이라면? (A),(C),(D)

  1) 약지와 새끼에 솜을 끼우고 검지, 중지로 텐션을 준 후 족집게를 이용하여 눈썹이 자란 방향으로 빨리 뽑는다.

  2) 진정젤(알로에 겔)로 정리해준다.

2. 눈썹 염색

> ● **준비물** : 염색제, 과산화수소, 브러쉬, 유리볼, 바셀린(아이크림), 스파츌라, 족집게, 젖은 아이패드, 가위 등(눈썹가위, 눈썹 칼은 사용하지 않는다)

1. 염색약이 관리사의 손에 묻지 않게 장갑을 낀다.

2. 눈썹, 속눈썹 주변 등의 유분기 등을 깨끗이 닦는다.

3. 손님에게 눈을 위로 뜨게 한 후 하안검에 보호크림(바셀린)을 바른다.
   (또는 젖은 아이패드에 바셀린을 바른 후 눈에 부착해도 된다).
   젖은 아이패드 사용 시 눈의 모양에 맞추어 살짝 굴리듯 오려낸다.

4. 젖은 솜을 눈 밑에 놓고 눈을 감게 한다.

5. 염색약을 골고루 뿌리부터 속눈썹 끝까지 펴바른다.

6. 계속 눈을 감게 한 후 상안검에 바셀린을 펴바른다.

7. 눈썹에 염색약을 바른다. 피부에 묻지 않고 눈썹만 염색이 될 수 있도록 한다.

8. 염색제가 속눈썹에 잘 묻어있도록 하기 위해 마른 솜을 덮어 놓는다.

9. 시간 경과 후 눈썹을 먼저 지우고, 속눈썹을 지운다. (시험 감독관에게 눈썹 염색을 체크 받은 후 지워야 한다)

10. 젖은 솜으로 염색제를 아무것도 묻어나오지 않도록 깨끗이 지운다.

11. 눈을 뜨게 한 후 눈 밑 부위를 깨끗이 닦는다.

12. 염색약을 깨끗이 제거한 후 정리가 안 된 속눈썹을 족집게를 이용하여 제거하고 눈썹 모양을 정리한다.

➜ 눈질환의 종류 (염색 시 주의해야 할 증상)

1. 다래끼

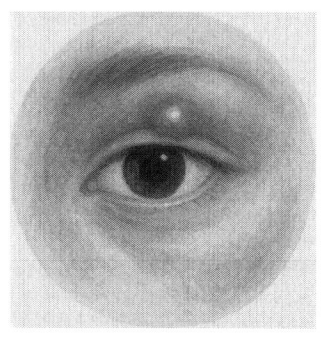
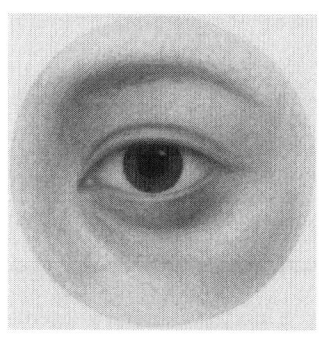
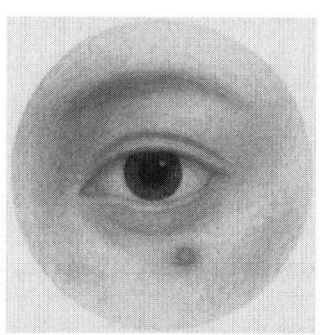

겉 다래끼 　　　　　 속 다래끼 　　　　　 콩 다래끼

[그림 3] 다래끼의 종류

눈꺼풀에 있는 피지선인 마이봄선이 포도상구균에 감염될 경우 염증이 생겨 곪게 되는데, 이를 다래끼라고 한다.

1) 증상
- 초기에는 발적, 소양감이 있다가 부어 오르면서 곪게 된다.
- 압통(만지면 아픈 증상)이 심한 덩어리 상태로 4-5일 정도 지나면 나중에 피부 겉으로 배농이 되게 된다. 바로 인접한 곳으로 감염이 확대되어 다발성으로 확대되는 경향이 있고 자주 재발하기도 한다.

2) 예방법
- 평소에 온수로 세안을 철저히 하고 눈 주위를 청결하게 한다.
- 눈을 더러운 손으로 만지지 않도록 조심한다.

3) 주의할 점
- 염증이 다 나았다고 생각되어도, 몸이 피곤하다든가 저항력이 약해지면 눈썹 뿌리나 기름샘에 숨어있던 균이 다시 활성화되어 재발될 수 있으므로 재발 방지를 위해 며칠 동안은 계속 항생제를 복용하도록 한다.

2. 아폴로 눈병

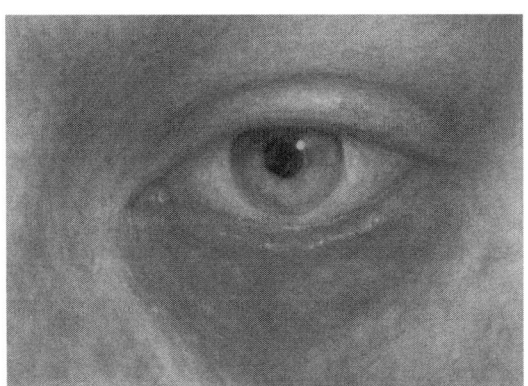

[그림 4] 아폴로 눈병

아폴로 눈병은 눈에 심한 통증을 수반하는 출혈성 결막염의 속칭으로 바이러스에 의해 전염되어 눈에 발생하는 안과 질환이다.
짧은 잠복기(8시간-2일)와 짧은 경과시간(5-7일)을 가지는 것이 다래끼와 다른 점이며 갑작스런 눈의 충혈 및 통증 등과 함께 혈흔이 보이는 분비물이 나오는 것이 특징이다.

1) 증상
- 원인 질환에 따라 차이가 있는데 유행성 결막염은 잠복기가 1주일 정도이며, 대부분 두 눈에서 발생한다. 눈물, 충혈, 이물감, 눈부심, 시력 저하 등의 증상이 생기며, 귀 앞쪽과 턱 밑에 림프선이 커지기도 한다. 증상 시작 후 3-4일 이후 각막에 염증이 생기면 시력이 떨어지게 된다.

2) 예방법
- 치료보다는 전염되는 것을 예방하는 것이 더 중요하다.
- 유행성 결막염은 전염성이 강하고 직·간접 접촉에 의해서 전염된다.
- 여름에 특히 유행하나 일년 내내 볼 수 있는 질환이다. 의사의 진단 없이 환자가 쓰던 안약을 사용하지 않는 것이 좋다.
- 눈병을 앓고 있는 환자의 경우도 눈꺼풀이나 눈썹에 붙은 분비물은 손으로 직접 닦거나 눈을 만지지 말고 면봉으로 제거한다.
- 비누로 손을 깨끗이 씻고 많은 사람들과 접촉이 많은 곳은 피한다.
- 수건, 컵 같은 것은 가족이라도 개인용품을 사용하도록 한다.
- 안대는 이차적인 세균감염이 생길 수 있으므로 되도록 사용하지 않는다.

3. 결막염

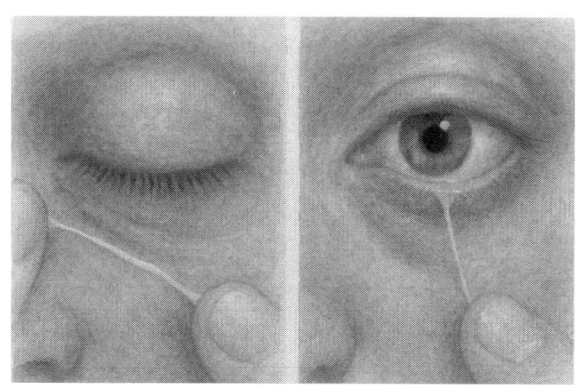

[그림 5] 결막염 증상-실눈곱

결막염은 결막이 충혈되어 눈곱이 끼고, 눈꺼풀의 안쪽에 여포가 생기며 가려움과 이물감을 느끼는 눈병이다. 결막은 외부로 노출되어 있어서 항상 광범위한 종류의 미생물들이 침범하기가 쉽고, 먼지나 꽃가루, 약품, 화장품 등 수많은 항원들과도 쉽게 접촉할 수 있다. 그래서 결막염의 원인은 미생물뿐만 아니라 유기 및 무기물의 독성 및 면역성 기전에 의하게 된다. 결막염의 원인은 세균, 바이러스, 리케치아, 진균(곰팡이균), 기생충, 아토피(화분, 풀, 동물털, 먼지 등) 화학제품 등이다.

1) 증상
- 결막염의 자각 증상으로는 타는 듯한 아픔과 가려움증, 이물감, 빨갛게 부어오르는 증상과 눈곱 등이 있고, 타각 증상으로는 충혈, 분비물, 결막부종, 결막하 출혈 등이 있다.

2) 예방법
- 눈을 더러운 손으로 만지지 않도록 조심한다.
- 특별한 치료방법은 없고, 전염의 예방이 중요하다.
- 치료는 찬 찜질을 눈 위에 해주고 항히스타민제와 스테로이드제제를 사용하여 증상을 완화 시켜주도록 한다. 약을 장기간 사용 시 안압 상승으로 녹내장 등의 합병증을 일으킬 수 있으므로 안과 전문의의 진찰을 꼭 받는다.

➜ 눈썹 염색 전 고객 동의서 작성차트 작성

MODEL CONSENT FORM / SENSITIVITY TEST EYELASH TINT

NAME　　　　　　　　　＿＿＿＿＿＿＿＿＿＿＿＿＿＿＿＿＿＿＿＿＿＿＿

TELEPHONE NUMBER:　　Home　＿＿＿＿＿＿＿＿＿＿＿＿＿＿＿＿＿＿＿＿
　　　　　　　　　　　Office　＿＿＿＿＿＿＿＿＿＿＿＿＿＿＿＿＿＿＿＿
　　　　　　　　　　　Mobile　＿＿＿＿＿＿＿＿＿＿＿＿＿＿＿＿＿＿＿＿

POSTAL ADDRESS　:　　＿＿＿＿＿＿＿＿＿＿＿＿＿＿＿＿＿＿＿＿＿＿＿

DATE OF EXAMINATION:　＿＿＿＿＿＿＿＿＿＿＿＿＿＿＿＿＿＿＿＿＿＿＿

I have been informed of the examination procedures and times. I am aware that the examination may run longer than stipulated.

I am fully aware of all the treatments that will be performed on myself and have no objections to any of the treatments.

I do not have any internal metal implants or staples that would be contra-indicated to the use of electrical equipment. I therefore consent to having any machine treatment applicable to the examination.

I do also consent to having a waxing hair removal on the areal applicable to the candidate's examination procedure.

Model's signature: ＿＿＿＿＿＿＿＿＿＿＿＿　　　　Date: ＿＿＿＿＿＿＿＿

EYE LASH AND BROW ALLERGY TEST

Date of test　　　　　　　　　　　　＿＿＿＿＿＿＿＿＿＿＿＿＿＿＿＿＿＿

Do you suffer from any eye diseases/disorders:　　yes　　　　no

If yes, specify:　　　　　　　　　＿＿＿＿＿＿＿＿＿＿＿＿＿＿＿＿＿＿

Do you wear contact lenses　　　　　　　　　　　yes　　　　no

Previous patch test or tint　　　　　　　　　　　yes　　　　no

Reaction after 24 hours　　　　　　　　　　　　yes　　　　no

Candidate's signature: ＿＿＿＿＿＿＿＿＿＿＿　　Date: ＿＿＿＿＿＿＿＿

Tutor's signature:　　＿＿＿＿＿＿＿＿＿＿＿　　Date: ＿＿＿＿＿＿＿＿

Oral Test 예상문제 눈썹염색 및 수정

1. 눈썹 염색의 목적 3가지를 쓰세요.

2. 눈썹 염색약의 성분은?

    ■ 1제 :

    ■ 2제 :

3. 염색시간은?

    ■ 속눈썹 -

    ■ 눈썹 -

4. 속눈썹을 더 오래 시간을 두는 이유 3가지를 쓰세요.

5. 패치테스트는 최소 몇 시간 전에 시행하여야 하는가?

6. 염색 후에 눈썹 수정을 하는 이유는?

7. 눈썹 염색을 하면 안되는 사람은?

8. 염색이 지속되는 기간은?

9. 만약 피부에 염색약을 묻혀놨으면 어떻게 할 것인가?

10. 고객이 더 밝은 색을 원하면 산화제를 3%보다 높여도 되는가?

11. 만약 고객 눈에 염색약이 들어갔으면?

12. 눈썹 수정 시 모양을 잡는 방법은?

13. 코평수가 넓은 경우 눈썹의 모양을 잡는 방법은?

14. 눈썹 뽑는 방향은?

15. 텐션을 주는 방법은?

16. 눈썹을 뽑은 후 고객 마무리는 어떻게 할 수 있는가?

 기기학 이론 (Equipment Theory)

1. 전기에 대한 이해

1) **전도체** : 전기가 통하는 물질(금속, 소금물, 우리 몸, 통전젤)
2) **비전도체** : 전기를 통하지 않는 물질 (고무, 플라스틱, 비닐, 도자기)

2. 전기의 유통방식

1) **직류(Direct Current, DC)**: 전류의 흐르는 방향이 시간의 흐름에 따라 변하지 않고 일정한 방향으로 고르게 흐르는 전류를 말한다. (예 배터리, 갈바닉 전류)
2) **교류(Alternative Current, AC)**: 전류의 방향과 크기가 시간의 흐름에 따라 주기적으로 변하는 전류를 말한다. 변하는 속도가 빠르기 때문에 눈에는 일정한 방향인 것처럼 보인다 (예 전등, 우리가 사용하는 전기).

☑ 정류기 : 교류를 직류로 바꾸는 기계

3. 용어해설

1) **볼트(Volt)** : 전압의 단위로 기호는 V 이다.
2) **암페어(Ampere)** : 전력(힘)의 측정 단위로 기호는 A 이다. (미용기기에는 mA가 많이 쓰인다)

$$A = 1/100 mA$$

☑ **전류의 세기 구하는 공식** : 암페어(A)= $\dfrac{전압}{저항}$
☑ **인체 적용 시 최대 세기는** : 얼굴(2mA), 바디(3mA)

3) **옴(Ohm)** : 전기의 저항(반대로 막는 힘)으로 기호는 Ω 이다.
4) **와트(Watt)** : 전기기구의 세기로 기호는 W 이다.
5) **주파수(Frequency)** : 주기적으로 변동하는 현상에서 같은 상태가 1초(s) 동안 몇 번 돌아오는가를 나타내는 수로 기호는 Hz이다.
6) **이온(Ion)** : 전하를 띈 입자로 음(-)이온과 양(+)이온이 있다. 증류수는 이온이 없기 때문에 전기가 통하지 않는다.

7) **음극(Cathode)** : (−)극, 구분하는 방법은 전선 끝을 분리하여 소금물 속에 담그고 밀리암페어(mA)의 전류를 흐르게 하였을 때 기포가 매우 빠르게 많이 생성되어 물방울이 많이 보이는 곳이 음극이다. 리트머스 시험지에 대어 보았을 때 푸른색을 띤다.

8) **양극(Anode)** : (+)극, 구분하는 방법은 전선 끝을 분리하여 소금물 속에 담그고 밀리암페어(mA)의 전류를 흐르게 하였을 때 반응이 나타나지 않는다. 리트머스 시험지에 대어 보았을 때 붉은색을 띤다. (산반응- 산소가스 발생)

4. 생체전기와 세포기관과의 관계

① 세포기관들은 일종의 발전기관이다.
② 세포질과 세포간 극 사이의 전위차에 의한 생체전기 발생
③ 지속적인 전위차로 활동전류 발생

5. 생체전기와 피부와의 관계

① 세포막 내·외부의 농도차를 이용한 삼투작용으로 세포질의 농도를 조절
② 심장수축, 근육수축 등의 내부기관에 명령을 전달
③ 수분 저지막 형성
④ 케라토하이알린을 생성하여 과립층에서의 각화 작용

6. 부적용 증상(Contra-indications) 및 사용상 주의사항

① 기계사용 전 관리사와 고객 모두 몸에 소지한 장신구 및 금속류를 제거한다.
② 각 기계별 사용 느낌에 대해 고객에게 미리 설명해준다.
③ 임산부
④ 인공치아 등 신체 내에 금속 물질이 있는 경우
⑤ 간질 환자
⑥ 심장관련 질환자
⑦ 수술 후
⑧ 전염병 환자
⑨ 고혈압 및 저혈압
⑩ 예민피부 또는 몸 상태가 예민한 경우
⑪ 피부질환자

5 기기의 종류

1. 관리 단계별 기기 분류

1) 피부식별 · 분석 기기
① 확대경(Magnifying Lamp)
② 우드램프(Woods Lamp)

2) 클렌징 · 딥 클렌징
① 베퍼라이저(Vapourizer)
② 브러쉬 머신(Brush Machine = Frimator)
③ 갈바닉(Galvanic) 기계의 디스인크러스테이션 (Desincrustation)

3) 스킨 토닉 분무 시
① 베큠 스프레이 머신(Vac-Spray Machine)
② 루카스(Lucas)

4) 영양침투
① 적외선 램프(Infra Red-lamp)
② 갈바닉(Galvanic) 기계의 이온토포레시스(Iontophoresis)
③ 고주파기 (High Frequency Machine)
④ 리프팅 기계 (Lifting Machine)
⑤ 피부관리용 초음파 (Ultrasonic)

2. 피부식별 분석을 위한 기계

1) 확대경(Magnifying Lamp)

피부를 확대해서 볼 수 있으므로 보다 자세한 피부측정이나 피부 손질은 물론, 특히 여드름 압출(Comedo Extraction, C.E)에 도움이 된다.

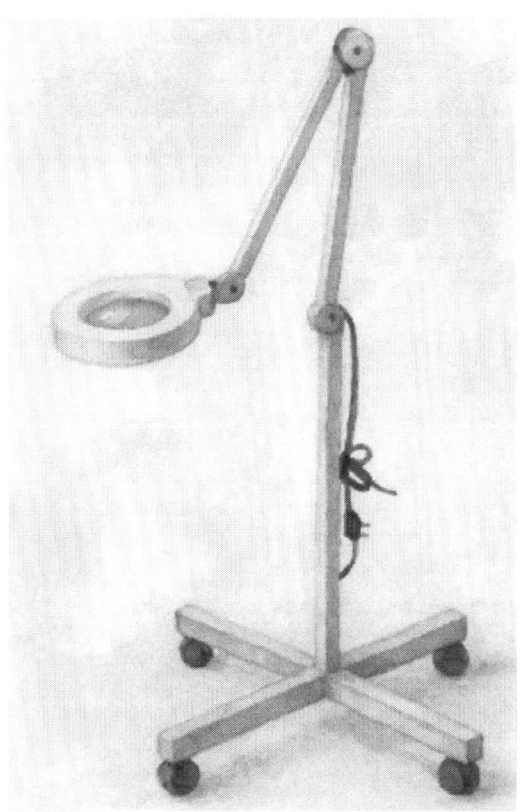

[그림 6] 확대경

(1) 효능
　① 피부 확대관찰 시
　② 여드름 압출(C.E) 시

(2) 주의사항
　① 고객의 눈을 감도록 한 후, 마른 아이패드로 눈을 보호한다.
　② 기계의 조임 부분을 확인하여 사고를 예방한다.
　③ 스위치 조작은 고객의 얼굴 위에서 하지 않는다.

2) 우드램프(Woods Lamp)

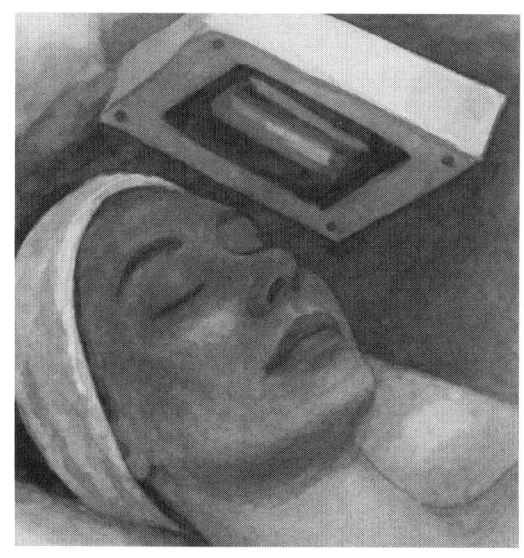

[그림 7] 우드램프

(1) 효능

특수 자외선 파장 (365 nm)을 이용한 확대경으로서 피부를 세밀히 볼 수 있다.
피부 유형을 확인하거나, 색소 침착의 깊이를 평가하는 데 사용된다. 고객에게 기기를 이용하여 상담 시 전문성을 더해준다.

(2) 우드램프를 통한 피부측정

피부 상태	측정기 반응
정상 피부	청백색
건성 피부	밝은 보라
두꺼운 각질층 부위	하얀 가루 상태
색소침착	암갈색
여드름, 피지, 화농성 피부	노란색~오렌지색
염증성의 민감부위	짙은 자주

3. 클렌징·딥 클렌징 단계

1) 베퍼라이저(Vapourizer)

딥클렌징 단계에서 효소(Enzyme Powder) 등과 함께 사용한다.

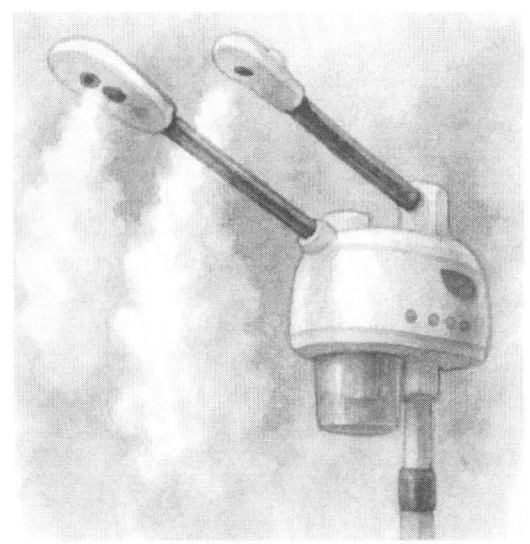

[그림 8] 스티머

(1) 효능

    ① 표피의 각질층을 부드럽게 만들어 노폐물 제거를 용이하게 함

    ② 혈관 확장, 근육 이완으로 혈액 순환을 촉진함

    ③ 세포의 신진대사를 향상시킴

(2) 금기피부 및 주의사항

    ① 일광화상, 화농성 여드름, 모세혈관 확장증, 주사, 심한 지성피부에는 금한다.

    ② 이동 시 선에 걸려 기계가 고객 얼굴 위로 쓰러지지 않도록 주의한다.

    ③ 얼굴 위에서 증기 분사 및 오존 ON, OFF를 하지 않는다.

(3) 소독방법

베퍼라이저를 예열한 후 식초를 2~3 방울 떨어뜨려 재가열한다. 나사를 풀어 용기 내에 물을 새로운 정제수로 교환한다. 물통은 중성세제로 닦은 후 물기를 없앤 후 자외선 소독기에 소독한다.

2) 브러쉬 머신(Brush Machine = Frimator)

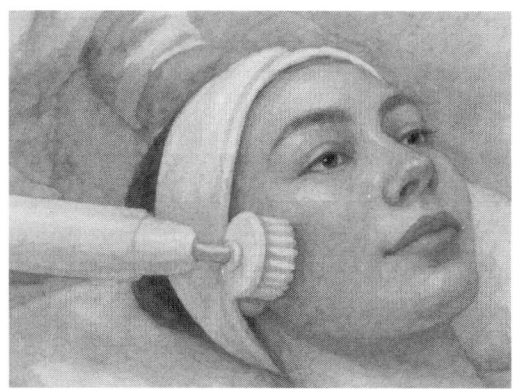

[그림 9] 브러쉬 머신

(1) 효과

　① 클렌징 효과

　　- 수용성 클렌징제를 피부에 도포하고 브러쉬를 적용한 후 젖은 해면으로 닦아낸다.

　　- 모공 깊이 있는 노폐물이나 메이크업 잔여물을 세정하는 효과가 있다.

　② 마사지 효과

　　- 브러쉬가 회전되면서 마사지 효과를 갖게 되므로 혈액순환이 촉진되며 신진대사가 활발해진다.

　③ 딥클렌징 효과

　　- 브러쉬가 회전하면서 노화된 각질을 제거한다. 사용 전 필링제를 피부에 도포하며 베퍼라이저를 함께 사용하면 보다 효과적이다.

(2) 금기피부 및 주의사항

　① 금기피부 : 예민성 여드름, 예민 피부, 모세혈관 확장피부, 각종 피부질환 등

　② 브러쉬를 직각으로 유지한 상태에서 털끝 부위만으로 가볍게 움직인다.

　③ 회전 중에 브러쉬를 너무 눌러 힘을 주거나 손목으로 회전시키지 않는다.

　④ 헤어라인 등 털이 있는 부위는 털이 브러쉬에 휘감기지 않도록 주의한다.

(3) 소독방법

　- 중성세제를 사용하여 미지근한 물로 세척한 후 습기를 제거해 자외선 소독기에 소독한다.

3) 갈바닉(Galvanic) 기계의 디스인크러스테이션(Desincrustation)

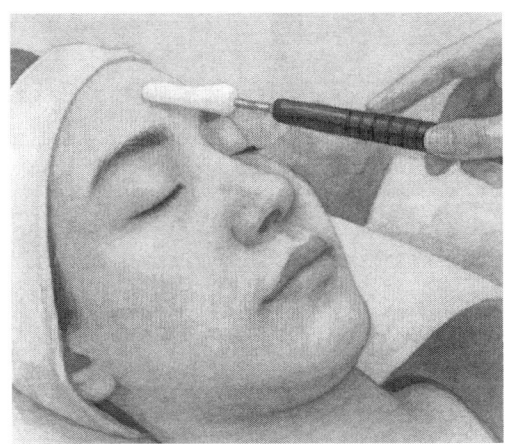

[그림 11] 갈바닉 기기

(1) 효과
- 음극봉 아래에서 생성되는 알칼리는 피부표면에 있는 피지를 분해시키고 각화된 세포를 제거하며, 모공을 열어 불순물을 제거하는 딥클렌징 역할을 한다.
  ① 음극봉에서의 효과
  - 식염수를 도포한 후 (−)극을 피부에 적용하고, (+)극을 고객의 손으로 잡게 한다. 알칼리의 세정 용액이 모낭 내로 들어가 응어리진 피지를 용해한 후 다시 모공을 통해 배출된다.
  ② 양극봉에서의 효과
  - 디스크러스테이션 적용 시 (−)극이 피부를 알칼리화로 변화시켰으므로, (+)극을 적용해 피부의 산성도를 회복한다.

(2) 금기피부 및 주의사항
  ① 노화피부와 건성피부는 과도한 피지의 제거로 더욱 건조해질 수 있으므로 사용 시 주의한다.
  ② 일반적으로 U존 부위는 건조, 예민하므로 T존 부위 위주로 실시한다.
  ③ 갈바닉 머신의 (+), (−)극이 바뀌지 않도록 한다.

> ☑ 극성 확인법
> ① 전극봉을 손에 쥐고 출력을 높이면, (−) 전극봉에서 자극이 심하다.
> ② 전해질에서 전극봉의 출력을 높이면, (−) 전극봉에서 수소방울이 증가한다.
> ③ 리트머스 종이 사용 시 (−) 전극봉에서 붉게 변한다.

4. 스킨 토닉(Skin Tonic) 분무

1) 루카스 (Lucas)

[그림 12] 루카스 머신

(1) 효능
① 토닉 효과로 관리 단계마다 pH 밸런스를 맞추기 위해 사용 가능
② 미세한 입자로 향과 더불어 넓은 부위까지 균일하게 많은 수분을 공급
③ 심리적 안정감을 줌

(2) 금기 및 주의사항
① 사용 전 반드시 기계 내에 용액이 들어있는지 확인한다.
② 용액이 흘러나오지 않도록 사용 전 뚜껑은 반드시 닫고 기울이지 않는다.
③ 산성수는 장기간 공기에 노출되면 부패할 가능성이 있으므로 사용 후 산성수는 따로 냉장보관하거나, 사용할만큼만 준비한다.
④ 산성수는 고객의 눈에 자극적이므로 반드시 아이패드로 고객의 눈을 보호한다.

(3) 소독방법
- 루카스 유리관은 자비소독 후 자외선 소독기에 보관하고 파손되지 않도록 주의하여 다룬다.

2) 베큠 스프레이 머신(Vacumm Spray Machine)

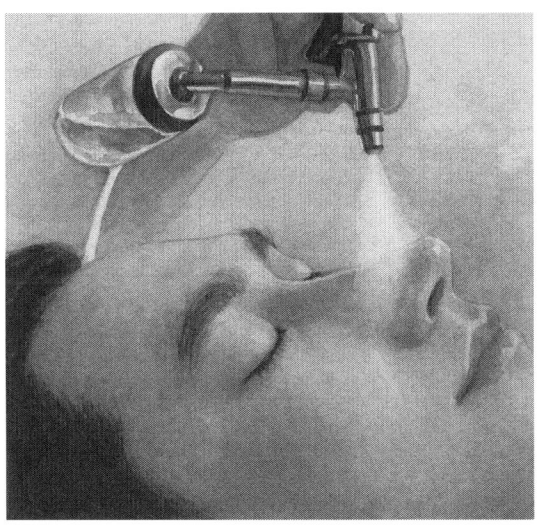

[그림 13] 베큠 스프레이 머신

(1) 효능
   ① 피부의 pH 상태를 조절
   ② 충분한 수분공급

(2) 금기 및 주의사항
   ① 지나친 자극은 피하며 횟수는 나누어 관리한다.
   ② 한 부위만 오래 관리하지 않도록 한다.

(3) 소독방법
   - Spray Bottle을 분리하여 중성세제로 닦은 후 습기를 제거하고 자외선 소독기에 넣어 소독한다.

5. 영양침투

1) 적외선 램프(Infra Red-lamp)

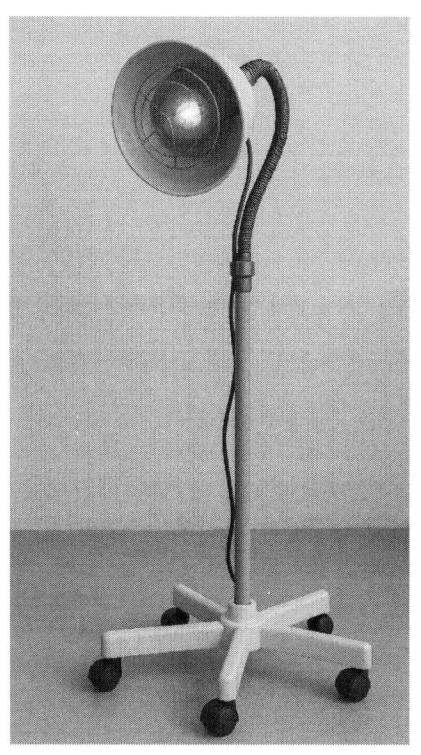

[그림 14] 적외선 램프

(1) 효능
    ① 유효성분 침투를 용이하게 함
    ② 근육을 이완시킴
    ③ 신진대사율 증가
    ④ 순환을 촉진시킴
    ⑤ 지방분해 효과

(2) 금기 및 주의사항
    ① 감각이 없거나 둔한 경우 화상을 입을 수 있음(냉·온감각 테스트 실시)
    ② 어린이, 정신질환자, 노쇠한 사람
    ③ 악성종양 부위
    ④ 안면 부위 조사 시 마른 아이패드 사용
    ⑤ 자외선 관리 전 사용한다면 색소침착이 생길 수 있음

2) 갈바닉(Galvanic) 기계의 이온토포레시스(Iontophoresis)

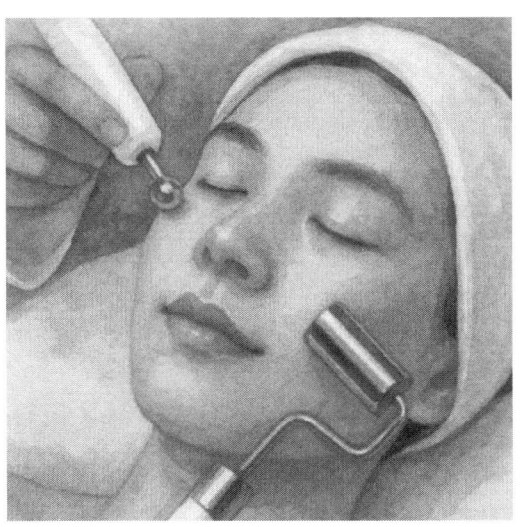

[그림 15] 갈바닉 기기

(1) 효능
- 이온 관리법에 있어서 주된 효과는 사용하는 앰플에 따라 다르다고 할 수 있다.
- 앰플의 성분은 콜라겐, 엘라스틴, 태반 추출물, 식물성 추출물, 해초 추출물 등 다양하다.

(2) 갈바닉 머신의 다른 형태
① 이온토 롤러 : 금속성의 롤러 1세트를 사용하여 전기작용 실시
② 이온토 마스크 : 얼굴 전체와 턱 부분을 덮게 되어있다(얼굴 전체 활성성분 투입 목적).

(3) 금기 및 주의사항
① 금기 : 상처부위, 눈, 입 부위는 피한다.
② 청결한 피부에 적용한다.
③ 도자의 금속 부위를 탈지면으로 감싼다.
④ 출력 강도를 서서히 높인다.
⑤ 사용 중 전원코드가 빠지거나 꺼졌을 경우, 출력 조정 스위치를 ' 0 '으로 낮춘 후 다시 시작한다.
⑥ 임신, 수술 직후, 인공 심박기 부착자는 사용을 피하는 것이 좋다.

(4) 소독방법
- 전극봉은 알콜로 소독한다.

3) 고주파기 (High Frequency Machine)

고주파 전류는 높은 진폭으로 분류되는 교류전류이다. 이 전류의 주된 작용은 발열이며, 생리학적인 효과는 사용 방법에 따라 피부를 긴장, 또는 진정시키는 것이다.

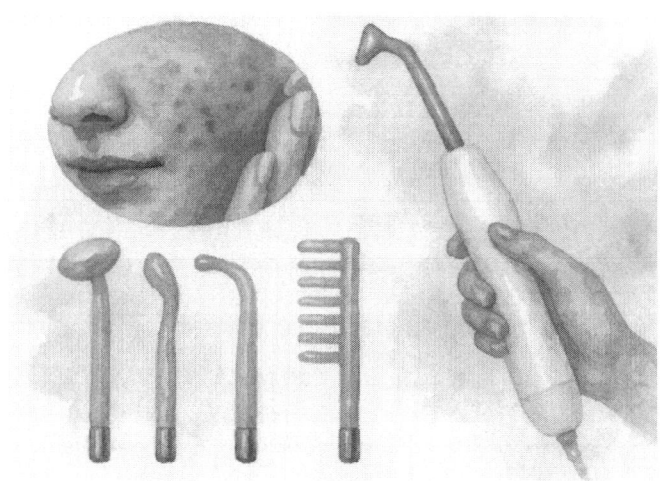

[그림 16] 고주파기

(1) 효능
   ① 세포 내에서 열을 발생
   ② 혈액순환 촉진
   ③ 신진대사 촉진
   ④ 피부로 영양물질
   ⑤ 세균 및 독소의 살균작용
   ⑥ 진정작용

(2) 금기 및 주의사항
   ① 고객 및 관리사는 금속 물질을 몸에 지니고 있으면 안된다.
   ② 임산부나 인공심장기를 부착한 경우에는 사용해서는 안된다.
   ③ 수술 직후
   ④ 고주파기와 함께 사용하는 화장품은 알코올 성분이 함유된 것은 안된다.
   ⑤ 고혈압
   ⑥ 노약자, 허약자

4) 피부관리용 초음파 (Ultrasonic)

초음파는 인간의 귀가 반응할 수 있는 이상의 주파수로서 인간의 가청주파수 구역은 16 Hz~18,000 Hz로서, 일반적으로 약 20,000 Hz 이상의 너무 높은 음을 초음파라고 한다.

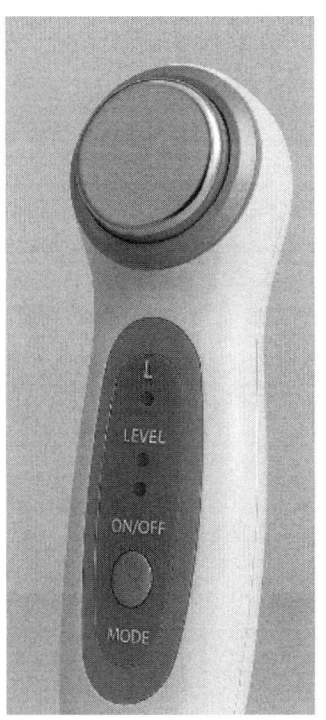

[그림 17] 초음파 기기

(1) 효능

    ① 세정, 살균 효과

    ② 노화 각질 제거 효과

    ③ 강장 효과

    ④ 멜라닌(색소) 분해 효과

    ⑤ 도입 효과

    ⑥ 마사지 효과

(2) 금기 및 주의사항

    ① 눈, 목, 종양 부위는 사용금지

    ② 화상 부위 사용금지

    ③ 고객에게 미리 기기의 느낌을 알린다.

6. 얼굴 기기 (Facial Machine)

1. 석션 (SUCTION)

석션이란 림프관 배수의 기계적인 방법으로 기계모터로 컵 안의 압력을 감소(감압)시킴으로써 컵으로 피부조직을 빨아올려 림프액의 배수 방향으로 밴토우즈(유리관)를 움직이는 기기이다. 약 10~15분 정도 시술하며 일주일에 1~2회 정도 적용한다.

[그림 18] 얼굴 석션 기기

1) 얼굴 석션

(1) 효과
① 림프순환 및 혈액순환
② 노폐물 배출에 도움을 줌(안색정화)
③ 면역력 증강

(2) 방법
① 피부에 도자가 미끄러질 만큼만 소량의 캐리어 오일을 발라서 기기가 매끄럽게 작동할 수 있도록 한다.
② 고객의 어깨 또는 관리사의 팔목 안쪽에 적절한 압력인지를 먼저 테스트한 후 관리를 시작한다.
③ 유리관 안으로 10% 정도의 피부를 흡입하여 림프절을 따라 시술한다.
④ 3회씩 겹쳐서 사용하는 것이 좋으나 시험 시 전체관리를 보여주어야 하기 때문에 전체적으로 1세트를 해주고 다시 반복한다.
⑤ 먼저 얼굴용 컵을 사용한 후 작은 컵으로 바꿔서 해준다.
⑥ 티슈- 해면으로 정리한다.

(3) 주의사항

　① 림프절 방향으로 시술한다(절대로 역행하지 않는다).

　② 절대로 누르지 않는다(감압상태가 되야하므로).

　③ 1/2씩 3회 겹쳐서 시술한다.

　④ 한 부위에 너무 오래 사용하면 멍이 생길 수 있으므로 조심한다.

　⑤ 에센셜 오일은 사용하지 않는다(너무 흡수가 잘 되어 붓는다).

　⑥ 사용 전 도자가 깨져 있는지 먼저 확인하고, 유리관은 떨어지면 깨지므로 항상 조심스럽게 다룬다.

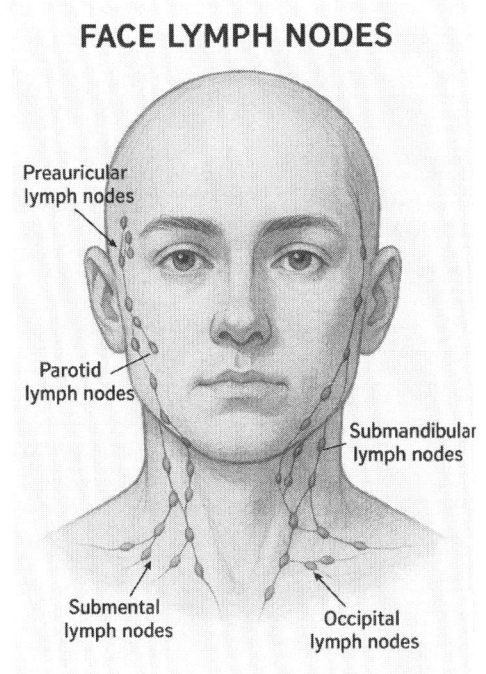

[그림 19] 얼굴 림프절의 위치

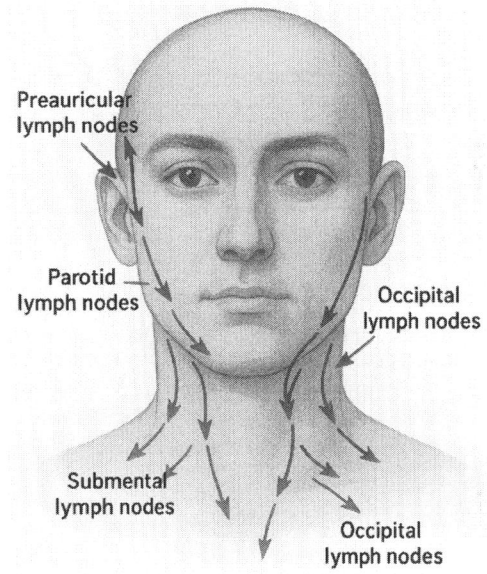

[그림 20] 얼굴 림프절의 흐름

(4) 부적응증

　① 모세혈관 확장부위　　② 멍든 부위　　③ 상처가 난 부위

　④ 부비동염　　　　　　⑤ 늘어진 피부　⑥ 썬번 피부

　⑦ 심한 여드름이나 피부염　⑧ 민감성 피부

(5) 소독 보관 방법

　① 중성세제를 이용하여 유리관을 솔로 세척 후 흐르는 물에 깨끗이 씻는다.

　② 물기를 뺀 후 자외선 소독기를 넣어 소독– 보관함에 보관한다.

Oral Test 예상문제 얼굴 석션

1. 석션기기의 사용목적은?

2. 석션 기기의 원리를 쓰세요.

3. 어떤 피부타입에 적용하면 좋은가?

4. 베이스로 어떤 제품을 도포하는가?

5. 아로마 오일 대신 캐리어(베이스) 오일을 사용하는 이유는?

6. 사용 시 주의사항은 무엇인가?(반드시 지켜야하는 중요한 사항)

7. 림프란 무엇인가?

8. 림프의 배출경로는?

9. 림프 드레나쥐(림프배출)를 해주면 좋은 이유는?

10. 림프의 성분은?

11. 림프의 최종 목적지는?

12. 얼굴에 적용할 수 있는 컵의 흡입 %는 얼마인가?

13. 얼굴의 모든 부위를 같은 강도의 세기로 관리하는가?

14. 도자의 보관방법은?

15. 관리 후 멍이 생기면 어떻게 해야하는가?

16. 1주에 몇 회 관리, 시간은 얼마나 적용하는 것이 좋은가?

17. 안면 석션기기 관리 시 데콜테부터 시작하는 이유는 무엇인가?

18. 기기의 사용순서(방향)를 그리고 림프절 이름과 위치를 적어 넣으세요.

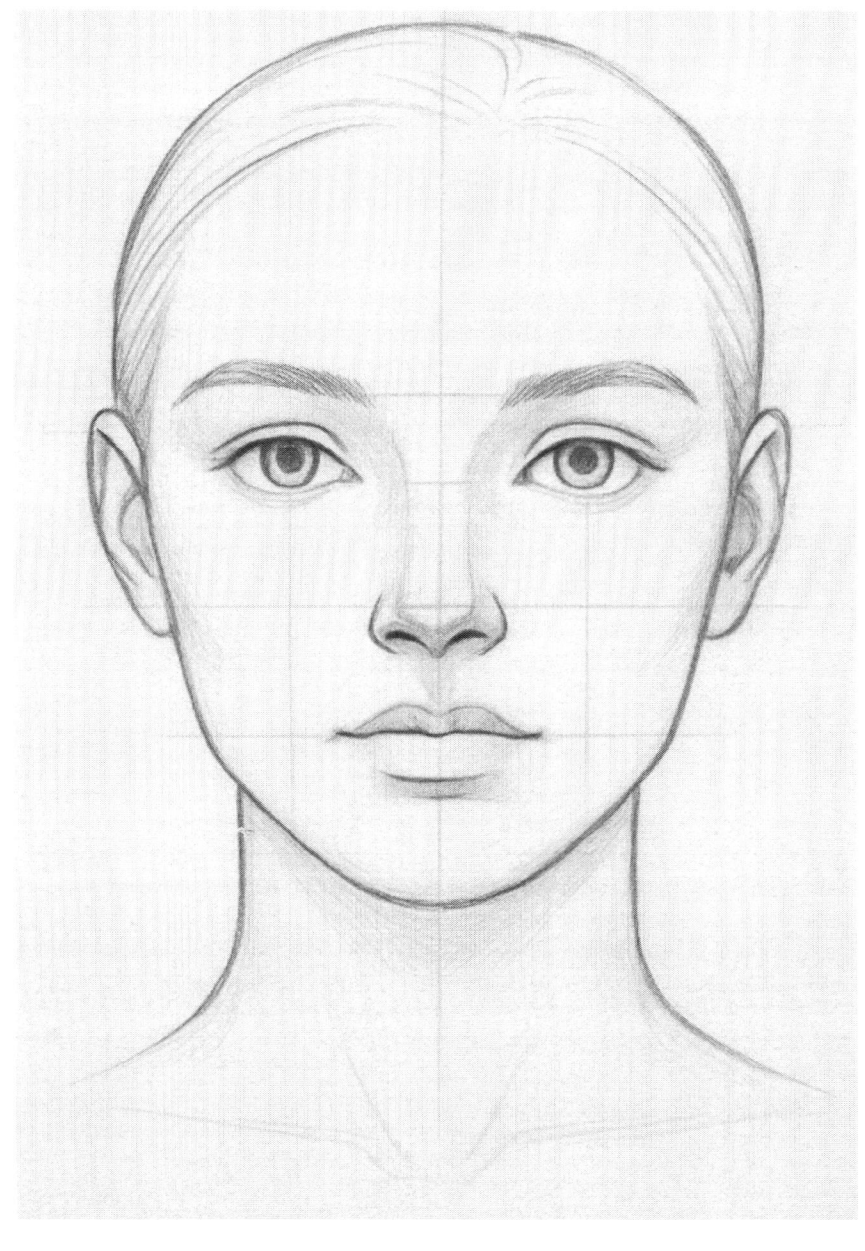

2. 갈바닉 트리트먼트(Disincrustation /Iontophoresis)

낮은 전압의 직류로 (+) ,(−)의 두 극을 가지고 관리, 직류이기 때문에 교류를 직류로 바꿔주는 정류기가 기계 속에 들어있다. 갈바닉 전류는 화학변화를 일으키는 전류이다.

1) 작용 및 효과

음극(−), cathode 알칼리 반응(딥클렌징)	극간	양극(+), anode 산 반응(염산)
알칼리성 물질 침투 신경자극 활성화 작용 혈액 공급 증가 모공 한선 확장 피부조직 이완 모공 세정 및 피지 용해	혈액순환 촉진 림프 순환 촉진 체온 상승 신진대사증진	산성물질 침투 신경안정 진정작용 염증 예방 혈액 공급 저하 모공, 한선 수축 피부조직 강화

2) 이온토포레시스(이온영동법) 방법

☑ 이온영동법이란?

(+) ← → (+) 같은 극끼리 밀어냄/ (−) ← → (−)
(+) → ← (−) 다른 극끼리 잡아당김

피부방어막으로 인해 깊이 들어갈 수 없는 영양분(수용성 앰플)을 5~7분 정도 적용하여 깊이 침투시킨다.
제품에 따라 (+)용액은 (+)극을 사용하여, (−)용액은 (−)극을 사용한다.

① 적신 해면으로 고객의 손목에 어스극해주고, 봉에 솜을 감아놓는다.
② 스포이드로 앰플을 충분히 도포시킨다.
③ 이마에 봉을 대고 롤링하면서 기기를 (+)로 맞추고 암페어를 조절한다.
④ 데콜테까지 충분히 롤링해주고 암페어를 다운시키면서 기기를 끈다.
⑤ 영양분이므로 닦아주지 않는다.

3) 주의사항

① 전류의 세기가 너무 강하면 화상을 입을 우려가 있고, 너무 약하면 효과를 얻지 못하므로 적당한 세기로 조절한다. 얼굴은 0.4~0.8 mA 사용
② 미리 고객이 착용하고 있는 금속성 액세서리를 모두 제거한다.
③ 사용하고자 하는 제품의 극을 정확하게 체크한다.
   1) **딥클렌징** : (-)극에서 시술
   2) **이온영동법** : 제품의 극성에 따라 (+)앰플은 (+)에서 (-)앰플은 (-)극에서 적용
④ 도자 사용 시 솜을 두껍게 말아 화상을 예방하여야 한다.
⑤ 시작과 마무리 시 고객의 얼굴에 도자를 움직이는 상태에서 기기를 작동시킨다.
⑥ 저항이 약한 이마부위에 도자를 대고 전류세기를 체크하면서 시작한다.
⑦ 한 부위를 너무 오래하거나 도자를 세워서 하면 갈바닉 burn이 일어난다.
⑧ 고객이 금니가 있을 경우에는 입 주위를 관리할 때 입을 벌리도록 한다.

4) 부적응증

① 인체 내의 금속핀이나 금속판이 있는 사람
② 임산부(유산 가능성)
③ 여드름, 피부염
④ 찰과상
⑤ 당뇨병
⑥ 전기에 과민한 사람
⑦ 과민피부-주사, 모세혈관확장증
⑧ 수술환자
⑨ 심혈관계 질환자

Oral Test 예상문제 얼굴 갈바닉 디스인크러스테이션 Disincrustation

1. (-)극에서 일어나는 화학반응과 피부에서 나타나는 변화는?

2. 어떤 피부타입에 적용하면 좋은가?

3. 베이스로 어떤 용액을 발랐는가?

4. 일반 물을 사용해도 되는가?

5. 도자(고객의 이마)의 극성은?

6. 어스극 (고객의 손목)의 극성은?

7. 용액(솔루션)의 극성은?

8. 디스인크러스테이션의 효과는?

9. 원리(전극의 어떤 성질을 이용했는지)는 무엇인가?

10. 갈바닉 전류를 한마디로 정의하면?

11. 금니를 한 고객에게는 어떻게 시술을 해야하는가?

12. 부적응증은 무엇인가?

13. 주의사항은 무엇인가?

14. 관리 후 어떤 작업을 해주는가?

15. 1주에 몇 회 관리, 시간은 얼마나 적용하면 좋은가?

16. 사용순서(기기 적용 방향)를 그리세요.

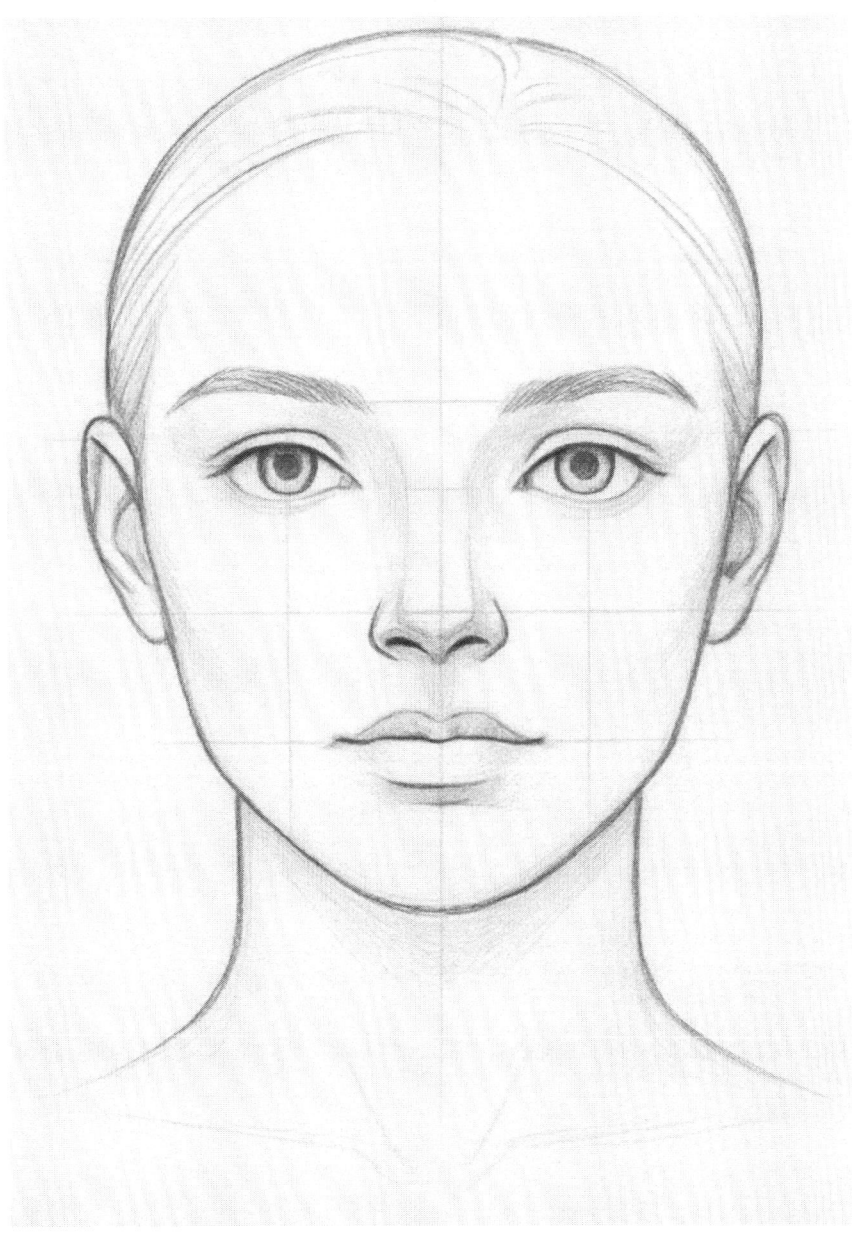

Oral Test 예상문제 — 얼굴 갈바닉 이온토포레시스 Iontophoresis

1. 어떤 전압의 어떤 전류를 사용하는가?

2. (+)극에서 일어나는 화학반응과 피부에서 나타나는 변화는?

3. 어떤 피부타입에 어떤 앰플을 사용하는가? 또한 그 성분은?

4. 도자(고객의 이마)의 극성은?

5. 용액(솔루션)의 극성은?

6. 원리(전극의 어떤 성질을 이용했는지)는 무엇인가?

7. 부적응증은 무엇인가?

8. 갈바닉 기계 안에는 어떤 장치가 들어있나?

9. 이온토포레시스 적용 시 주의사항은 무엇인가?

10. 관리 후 어떤 작업을 해주는가?

11. 1주에 몇 회 관리, 시간은 얼마나 적용하나?

12. 얼굴에서 최대한 몇 mA 까지 사용이 가능한가?

13. 시작할 때 이마에서 시작하는 이유는 무엇인가?

14. 갈바닉 기기의 비적용증을 3가지 이상 쓰세요.

15. 사용순서(기기 적용 방향)를 그리세요.

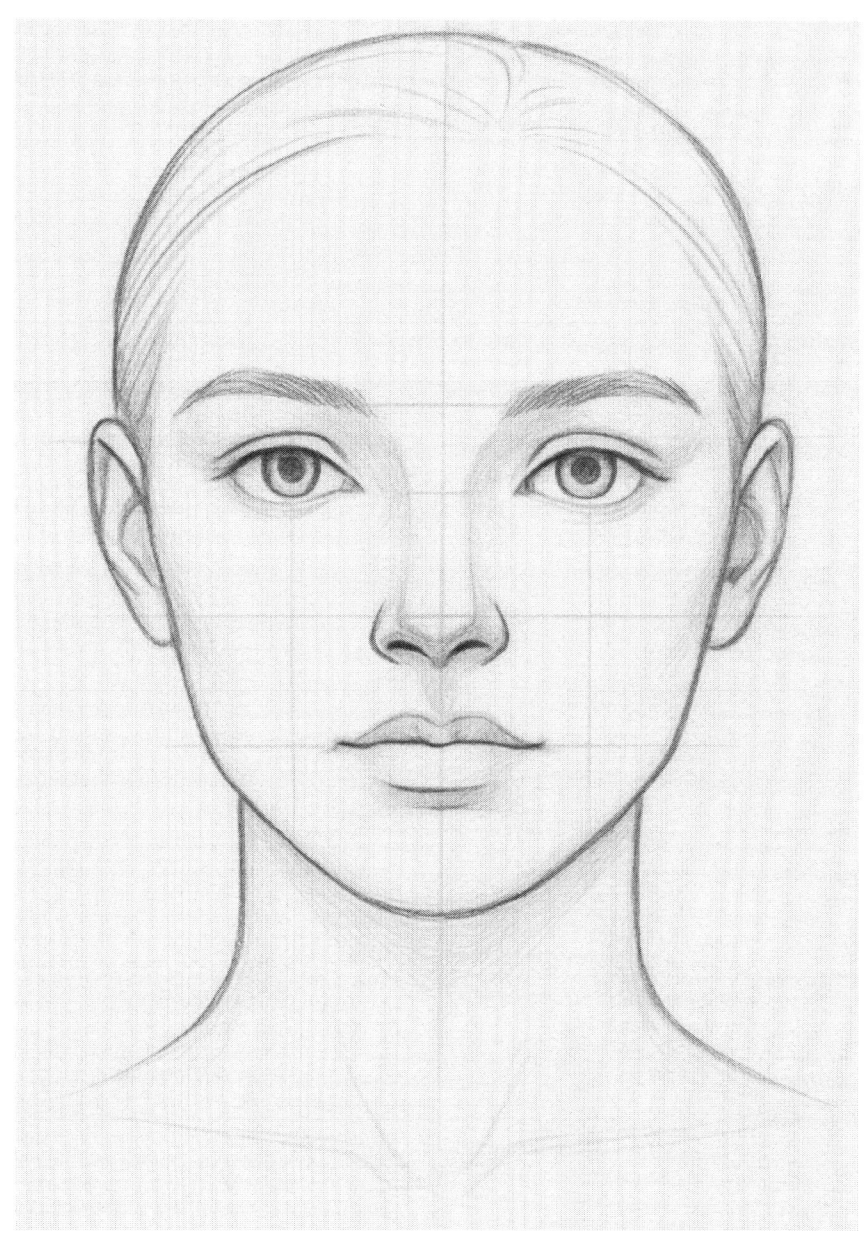

3. 얼굴 파라딕 (Facial Faradic)

얼굴 파라딕은 주로 저주파(1~1,000Hz)의 단속직류전류를 이용하여 근육의 운동신경을 자극하여 근육을 운동(등척성운동)시켜 얼굴리프팅 관리와 바디쉐이프 관리를 해준다.

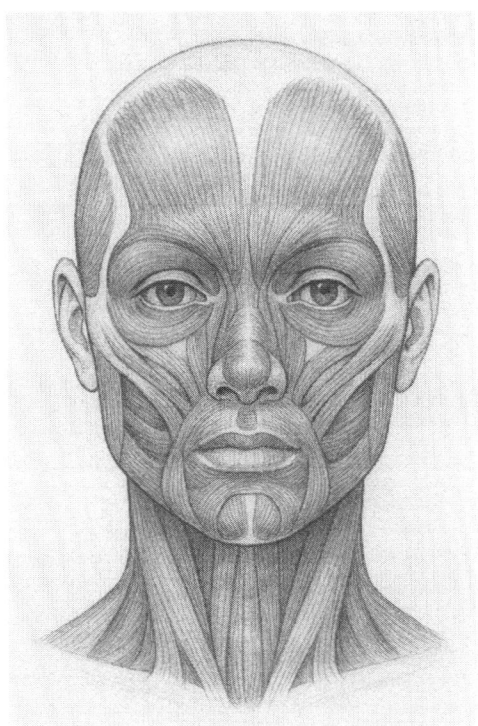

[그림 21] 얼굴의 근육

1) 사용법

① 패치에 통전젤을 바른 후 패치를 붙일 근육의 기점(시작점)에는 (+)패드, 종점에는 (-)패드를 붙여준다(운동점은 신경이 들어오는 곳(시작되는 곳)으로 반대로 붙이면 수축효과가 떨어진다. 금니가 있을 경우 이가 시리므로 구륜근 대신 흉쇄유돌근에 붙인다).

② 라인에 패치를 연결해서 근육에 붙인다.

③ 전원-체인지-모드(헤르츠)-프로그램(인터벌)-다이얼을 1번부터 조금씩 나눠서 볼륨을 올린다.

④ 우선 빨간불이 들어올 때까지 (12시 방향) 올렸다가 고객에게 괜찮은지 물어보면서 근육의 수축이 보일 때까지 올린다.

⑤ 시간이 다 되면 1번부터 조금씩 나눠서 볼륨을 줄이고 전원을 끈다.

⑥ 패치는 일회용이므로 버리고 라인잭을 잘 정리한다.

> ☑ 얼굴은 근육자체가 너무 작아 근육의 기착점(+) (-) 보다는 모터 포인트에 붙이는 개념이다.
> ☑ 10분 관리, 주 2~3회 (매일 해도 상관없다).
>   처음에는 부드럽게, 점점 강도를 높여준다.

2) 주파수

① 주파수로 운동점을 자극하는 초당 펄스 폭을 선택한다.
② 펄스 (PULSE)란 근육에서 전류가 머무르는 시간(지속시간)을 말한다.
③ 주파수가 낮을수록, 펄스 폭이 넓어져 더 강하게 수축된다.
④ 60~90 Hz : 체형, 자세관리를 위한 심층 운동, 백근, 적색근 모두 사용
⑤ 120 Hz : 표면근육만 자극하여 확실한 변화나 수축, 강도의 증가를 느끼지 못함
    아주 뚱뚱한 사람은 지방이 많아 (절연체) 처음 시작 단계에 사용
⑥ 근육량보다는 지방량을 생각해서 Hz를 정하는 것이 좋다.

3) 패딩법

① 길이법(세로부착법, Longitudnal padding)
    - 긴 근육에 상단과 하단에 부착한다.
    - 모노, 바이에 둘 다 적용 가능하다.
    - 근섬유와 나란하게 부착한다. 대둔근의 경우는 근섬유가 대각선이므로 수직이 아닌 대각선으로 붙여야 한다.

② 쪼개기법(분리부착법, Split Padding)
    - 바이 방식을 사용하여 (+) (-)의 강도가 균일하여 (+) (-) 생각할 필요가 없다.
    - 대둔근, 흉근, 승모근 같이 동일한 근육조직에 위치한 운동점에 붙인다.

③ 두 근육법(이중부착법, Duplicate Padding)
    - 최대의 효과를 원한다면 모노 방식을 사용한다.
    - 인접한 두 근육의 운동점에 붙인다. (-)가 더 강하므로 상대적으로 약한 근육에 (-)를 붙인다.

    예 대흉근과 상완이두근일 경우 보통 이두근이 더 강하므로 흉근에 (-)를 붙임
    - 만약 두 근육이 다 강하다면 바이 방식을 사용할 수도 있다.

4) 효과

① 얼굴 및 바디 라인 향상 효과
② 자세 교정
③ 체중감소 후의 윤곽선 및 탄력 증가
④ 혈액순환 증진(근육에 더 많은 혈액이 공급한)

> ☑ 셀룰라이트 젤과 같이 사용하면 셀룰라이트 제거 효과를 얻을 수 있다.
> ☑ 체중이나 칼로리의 변화가 없기 때문에 다른 요법과 같이 병행하면 좋다
>   (식이요법, 운동, G5, 석션, 사우나, 증기 목욕, 거품 목욕 등).

5) 주의사항

① **유도체** : 소금물, 따뜻한 물, 젤(통전젤, 셀룰라이트 젤)이 필요함
② 관리사가 먼저 고객 앞에서 기계를 테스트 하는 것이 좋다.
③ 몸에 지니고 있는 모든 금속을 제거한다.
④ 패드와 패드가 서로 겹치지 않도록 준비한다.
⑤ 뼈에 닿지 않게 한다. 방광, 신장 쪽은 피한다.
⑥ 너무 지방이 많아도 전류가 잘 안 통하기 때문에 뚱뚱한 사람은 처음에는 120Hz가 적당하다.
⑦ 관리 전 고객의 치수를 파악하는 것이 좋다.
⑧ 기계는 명성있고 신뢰도 있는 회사의 제품을 선택한다. 주기적으로 기계 점검을 받아야 한다.
⑨ 다이얼, 스위치가 0인지 확인하고 시작하고, 보관할 때도 ' 0 '으로 맞추어 놓는다.
⑩ 고객을 혼자 두지 말고 옆에 있으면서 설명하고 안심시킨다. 또
⑪ 패드 이동 시 다이얼을 '0'으로 맞추고 이동시킨다.

6) 부적응증

① 최근 조직에 난 상처부위
② 임산부, 출산 후 3개월 미만
③ 금속판, 브리지, 핀을 착용한 사람
④ 전기에 과민한 사람
⑤ 간질
⑥ 인공 심장 박동기를 착용한 사람
⑦ 모세혈관 확장피부
⑧ 정맥류

7) 근육수축이 안 되는 원인

① 기름기가 남아있다. 패드가 깨끗하지 않다. 패드가 너무 드라이하다.
② 강도가 너무 약하다. 너무 많은 지방조직이 방해물로 작용한다.
③ 위치가 잘못됨, 불완전한 접속
④ 근육의 피로
⑤ 패드가 겹쳐졌거나 접착력이 떨어짐, 패드 전체에 통전젤이 발라져야 함
⑥ 연결잭의 이상, 기계 설정이 잘못됨

8) 패드의 성분

① 동일하게 전류를 분배하는 유도체로 흑연성분이 들어있다. 이 성분에 알레르기가 있는 고객은 거즈나 스펀지를 동그랗게 잘라서 패드와 함께 사용한다.

Oral Test 예상문제 얼굴 파라딕 Facial Faradic

1. Hz 란 무엇인가?

2. 60Hz와 120Hz의 차이는 무엇인가?

3. 처음 기기를 접하는 사람은 몇 Hz를 사용하는 것이 좋은가?

4. 어떤 전류를 사용하는 기기인가? (교류 or 직류)

5. 근육을 자극하는 것인가, 운동신경을 자극하는 것일까?

6. 어떤 피부에 적용하면 좋은가?

7. 부적응증은 무엇인가?

8. 바디 파라딕처럼 (+), (-)극이 없는 이유는?

9. 기기에 불이 들어오는 것은 무엇을 뜻하는가?

10. 패치에는 어떤 성분이 있으며 보관방법은 무엇인가?

11. 1주에 몇 회 관리, 시간은 얼마나 적용하는 것이 좋은가?

12. 사용 목적은 무엇인가?

13. 주의사항은 무엇인가?

- ex. 파라딕은 나이 많은 고객이 주로 하는 기기이므로 부적응증을 꼭 체크한다.
-
-

14. 매일 관리해도 되는가?

15. 얼마나 받아야 효과가 있는가?

16. 얼굴에 사용방법은? 그림에 표시하세요.

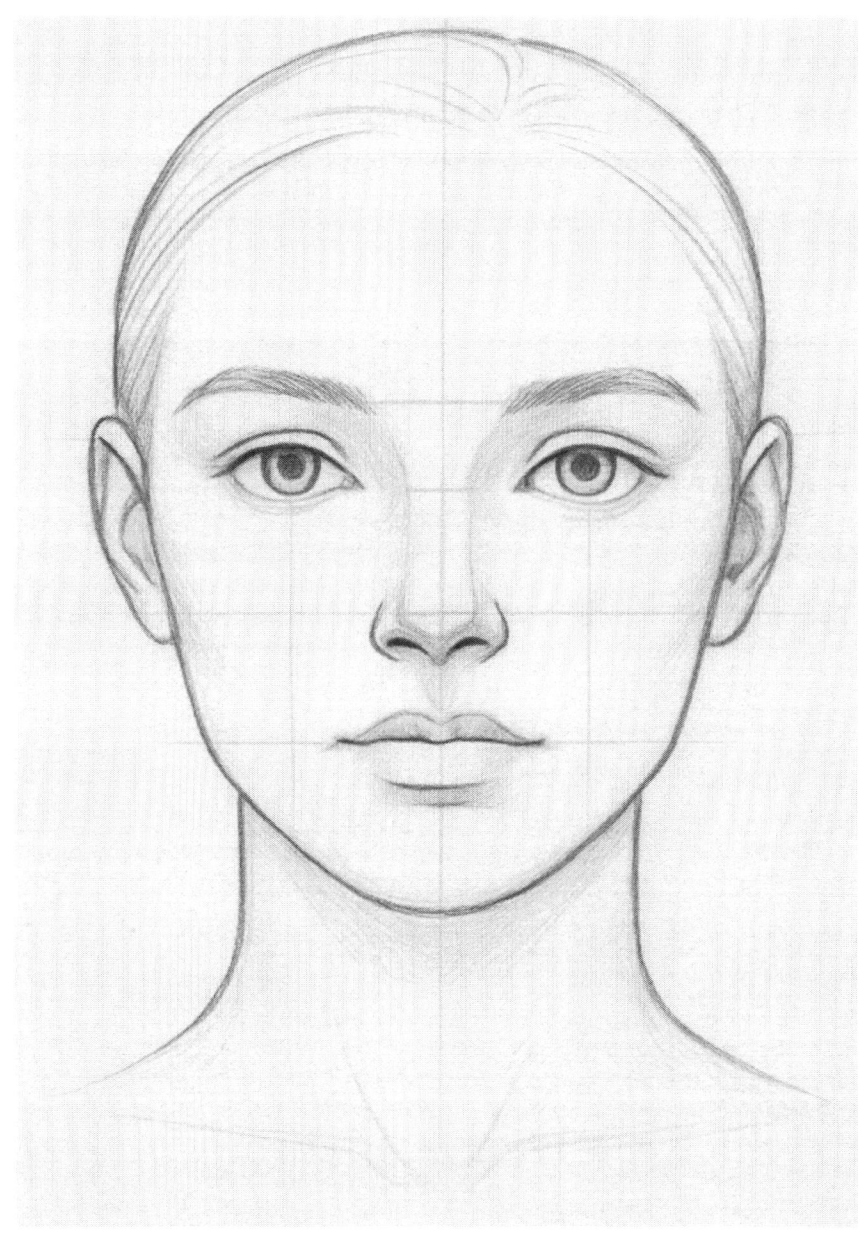

4. 얼굴 고주파 (Facial High Frequency)

주파수가 100,000 Hz 이상인 높은 교류를 이용한다.

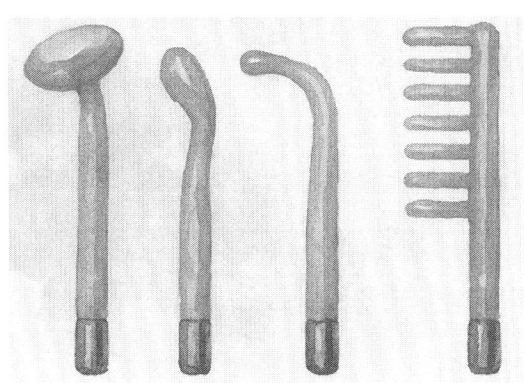

[그림 22] 얼굴 고주파 기기

1) 고주파 직접법 : 유리관 안의 기체가 (네온, 아르곤, 수은가스) 전기로 인해 공기 중에 O2 와 만나 오존화되어 오존과 열을 발생시켜 피지 건조, 살균소독의 효과

(1) 롤링법

① 지성, 여드름 피부에 8~10분 정도 적용한다. 건성은 3분 정도.

② 고객에게 눈을 감게 하고 마른 거즈를 도자에 고무줄로 감는다. 거즈는 미끄러지기 용이하게 하며 피지의 활동으로 인한 노폐물을 흡착한다. 또한 간격(갭)이 발생되어 오존을 발생시켜 준다. 두 겹으로 하면 갭이 커서 효과가 더 커진다(오존크림을 바르고 할 경우에는 거즈 없이 사용해도 된다).

③ 유리 전극봉을 관리사가 잡고 이마에서 움직이면서 전원을 켜고, 천천히 주파수를 올린다. 이때 고객이 놀라지 않게 미리 느낌을 얘기해준다. 이마, 관자놀이는 강도를 좀 낮추어도 된다.

④ 얼굴과 데콜테 전체에 천천히 원으로 가볍게 롤링하며 움직인다. 이때 전극봉이 피부와 계속 접촉되어 있어야만 한다.

⑤ 관리가 끝나면 유리관을 피부에서 움직이면서 주파수를 내리고 전원을 끈다.

⑥ 적용 시 비릿한 냄새가 난다(오존 냄새).

⑦ 관리 중 고객의 얼굴에 절대 손을 대지 않는다.

(2) 스파킹 (sparking)

여드름과 농포가 있는 부위에 적용하여 살균소독의 효과를 얻는다.

먼저 관리사의 손에 테스트를 한 후 고객에게 미리 테스트를 하여 강도를 조절한다.

- 0.3~0.6 cm 의 간격을 두고 한 부위에 3번 정도 적용하는 것이 좋다(거리가 멀수록 오존의 효과가 강함).

Oral Test 예상문제   고주파 직접 High Frequency Direct

1. 고주파란 무엇인가?

2. 교류를 사용하는가? 직류를 사용하는가?

3. 어떤 피부타입에 적용하면 좋은가?

4. 사용목적은 무엇인가?

5. 원리는 무엇인가?

6. 유리관 속의 gas의 이름과 색깔은?

7. 각 gas별 차이점은 무엇인가?

8. 거즈를 까는 이유 3가지는 무엇인가?

9. 부적응증은 무엇인가?

10. 기기 사용 시 주의사항은 무엇인가?

11. 사용 시 비릿한 냄새는 무엇인가?

12. 1주에 몇 회 관리, 시간은 얼마나 적용하면 좋은가?

13. 스파킹 시 주의사항은 무엇인가?

14. 스파킹 시 도자가 피부에 닿으면 어떻게 되는가?

15. 고주파 관리 시 발생되는 것은 무엇인가?

16. 유리관 도자의 종류와 용도는 무엇인가?

17. 도자의 보관방법은 무엇인가?

2) **고주파 간접법** : 고주파가 열을 발생시켜 혈액순환 향상, 보습과 미세주름 개선, 지친피부 개선
   ① 건성, 노화 피부에 10분~15분 정도 적용한다.
   ② 고객이 잡고 있는 전극봉을 통해 전류가 고객에게 흐르게 되는데 이 때 고객의 얼굴에서 피부관리사의 손을 통해 전류가 빠져나가게 된다. 그러므로 간접 적용방식의 고주파 관리 시 관리사는 회로의 한 부분이 되므로 손을 절대 떼지 않는다.
   ③ 고객의 손이 파우더를 발라 유분기를 제거해 유리관을 안전하게 잡게 한다.
   ④ 얼굴에 고주파 크림을 도포한다. 관리사는 한쪽 손으로 롤링하면서 기기를 작동시킨다.
   ⑤ 베네치안 마사지하면서 고객의 얼굴과 데콜테를 천천히 마사지하는데, 한 손은 항상 고객의 얼굴에 닿아있어야만 한다.
   (**베네치안 마사지**- 림프방향으로 아주 천천히 약한 강도로 롤링함. 두드리기와 바이브레이션 동작은 절대금지! 핑거팁은 가능하다. 핑거팁 적용 시 침과 눈물로 수분이 나올 수 있어 눈가와 입가는 핑거팁을 하지 않는다.)

3) **주의사항**
   ① 사용 전 금속성의 액세서리를 모두 제거해야 한다.
   ② 유리전극을 차가운 표면에 닿게 하면 깨질 염려가 있으므로, 항상 조심한다.
   ③ 유리 전극봉을 다른 모양의 전극봉으로 교환하고자 할 경우 스위치를 끈 상태에서 바꾸어준다.
   ④ 고객 손에 반드시 파우더를 충분히 묻혀준다.
   ⑤ 기계에 대한 느낌, 고주파 사운드의 느낌을 고객에게 알린다.
   ⑥ 기계를 켜고 끌 때는 얼굴에 유리봉을 대고 움직이면서 한다.
   ⑦ 간접법 적용 시 관리사가 임산부이면 안된다.

4) **부적응증**
   ① 혈전증   ② 정맥염   ③ 심하게 모세혈관이 확장되어 있거나, 민감한 피부
   ④ 임산부   ⑤ 수술 직후   ⑥ 심장병   ⑦ 고혈압, 저혈압   ⑧ 간질
   ⑨ 피부질환   ⑩ 인공 심장 박동기 등 인체내 금속을 착용한 사람   ⑪ 편두통

5) **소독 보관 방법**
   ① 소독제를 묻힌 퍼프로 닦아낸다. (알코올은 화재의 위험이 있으므로)
   ② 보관함에 보관한다.

6) **도자 종류**
   ① 버섯형, 스푼형 (얼굴, 데콜테관리)   ② 빗형 (두피관리)
   ③ 일자형(간접관리)   ④ 달팽이형(스파킹용)   ⑤ 말발굽형(어깨관리)

Oral Test 예상문제   고주파 간접 HF In Direct

1. 고주파 간접법을 사용하는 목적은 무엇인가?

2. 고주파 간접법의 원리는 무엇인가?

3. 어떤 피부타입에 적용하면 좋은가?

4. 베이스로 무엇을 도포하였나? 제품의 성분은?

5. 고주파 간접법 시 어떤 마사지를 하는가? 특징은 무엇인가?

6. 고주파 간접법을 하면 순환이 증진되는데 고객의 상태는 활성화가 되나? 안정이 되나?

7. 전류의 흐름(사이클)이 어떻게 되나?

8. 주의사항은 무엇인가?

9. 아로마 오일을 사용해도 되는가?

10. 관리 후 샵에서 기기관리 후 또 마사지를 해야하는가?

11. 부적응증은 무엇인가?

12. 고객의 손에는 어떠한 조치를 해야하는가?

13. 1주에 몇 회 관리, 시간은 얼마나 적용해야 하는가?

5. 스티머 (Steamer)

피부미용관리 중에 사용되는 기기 중에서 안면관리 시 가장 많이 사용되는 기기이다. 가열센서가 내장되어 있어 물통의 정수가 센서에 의해 가열되어 증기를 발생한다.

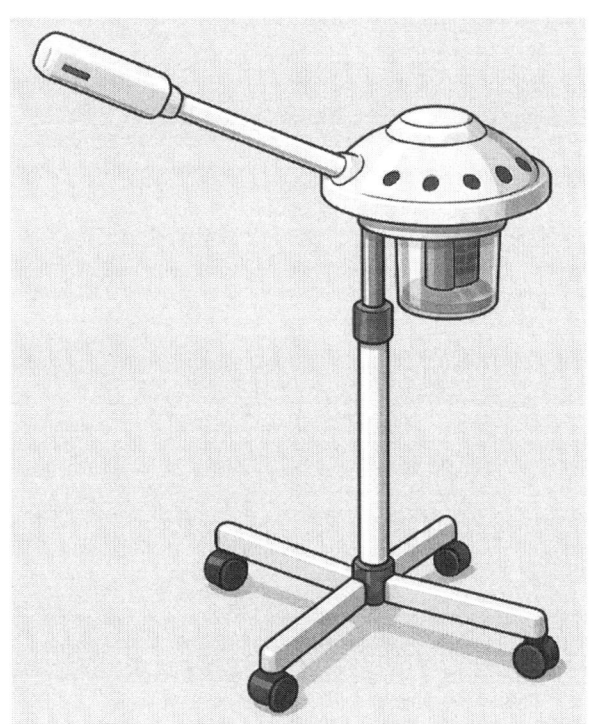

[그림 23] 스티머 기기

1) 효과

① 죽은 표피의 각질층에 수분공급을 하여 부드럽게 연화시켜 각질제거를 용이하게 함.
② 모공을 열어 주어 피지, 블랙헤드, 메이크업 잔여물, 그 밖의 노폐물을 제거하기 쉽게 함.
③ 혈관을 확장시켜 혈액순환을 활발하게 하여 마사지의 효과를 증가시킴
④ 다음 관리 단계에 사용되는 화장품의 활성제품의 흡수효과를 높임.
⑤ 오존기가 부착된 경우 발생기 산소의 작용으로 살균효과가 있음.

2) 사용방법

① 물탱크에 적정량의 정제수를 공급한다. 단, 정지선은 넘지 않는다.
② 사용하기 10분 전에 스위치를 켜서 예열한다.
③ 스팀이 나오기 시작하면 오존기를 켜고 약 2~3분 경과한 후 거리는 30~40cm 간격으로 고객의 턱 쪽으로 스팀의 방향을 고정시킨다.
④ 사용 후에는 스위치를 끄고 물통을 식힌 후 세척하여 전열관이 녹슬지 않도록 물을 비워 보관한다.

3) 적용시간

① **건성, 노화 피부** : 5분   ② **지성 피부** : 약 10~15분

③ **정상 피부** : 6~8분   ④ **여드름 피부** : 약 10분

⑤ **복합성 피부** : 약 6~8분

4) 부적응증

① 피부 감염시   ② 민감피부   ③ 상처부위

④ 천식환자(호흡기 질환)   ⑤ 심한 화농성 피부   ⑥ 일광에 손상된 피부

⑦ 모세혈관 확장피부   ⑧ 알레르기 피부

5) 주의사항

① 스티머 볼은 수세미로 가볍게 세척하여 사용한다.

② 세제 사용은 고장의 원인이 되므로 절대 금지한다.

③ 스티머가 고객의 얼굴로 쓰러지지 않도록 주의해야 하며, 특히 화상을 입지 않도록 주의해야한다.

④ 오존을 분무시 눈을 가릴 수 있는 아이패드를 필수적으로 착용하고, 수분 없이 오존만 얼굴에 쐬면 오존의 독성성분으로 인해 얼굴에 알레르기 반응이 일어날 수 있으므로 주의한다.

Oral Test 예상문제 스티머

1. 스티머의 사용목적은?

2. 사용시간과 사용거리는?

3. 스티머 사용시 주의사항은?

4. 부적응증은 무엇인가??

5. 어떤 물을 사용하는가?

6. 오존스티머는 어떤 효과가 있으며 오존이 발생하는 원리는 무엇인가?

7. 오존스티머의 사용시간은?

8. 스팀 후 빨개지면 어떻게 처치해야 하는가?

9. 사용하고자 하는 부위에 상처 부위가 있다면?

6. 전동 브러쉬 (Frimator)

피부의 자극이 적은 천연모인 염소 또는 산양의 털을 사용하여 만든 여러 가지 크기의 브러쉬를 기기에 연결시켜 회전하는 속도를 조절하여 딥클렌징 시 적용하는 기기이다.

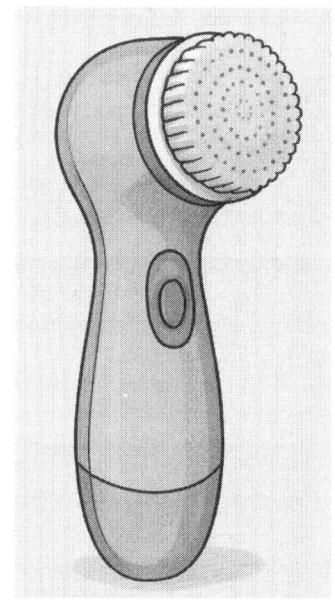

[그림 24] 전동 브러쉬 기기

1) 효과
① 죽은 각질을 제거해줌
② 피부톤을 밝게 해주고 모공 속에 있는 피지를 제거함
③ 혈액 순환과 림프순환을 촉진시켜주는 역할

2) 사용방법
① 얼굴 피부에 밀크 클렌져나 딥클렌져를 알맞게 도포한다.
② 사용 용도에 적절한 브러쉬를 선택하여 핸들에 꽂은 뒤 본체 패널의 버튼을 눌러 전원을 켠다
   (홈을 잘 맞추지 않으면 시술 도중 튕겨나갈 수 있으므로 주의한다).
③ 버튼을 눌러 출력 강도를 조절한 다음 관리를 시작한다(관리 전 관리사 손등에 세기 체크).
④ 브러쉬는 피부표면에 직각으로 닿도록 하고 눌리거나 꺾이지 않도록 한다.

3) 주의사항
① 시술 시 다른 브러쉬로 교체하고자 할 때에는 반드시 스위치를 끈 상태에서 교체한다.
② 목 부분이나 이마에 머리카락이 흘러내린 경우 엉키지 않도록 주의한다.
③ 사용 직후 세척하여 소독기에 넣어 소독한다.
④ 모세혈관 확장피부, 염증성 여드름 피부, 알레르기성 민감성 피부, 일광이나 화상으로 자극된 피부, 피부질환 등에는 사용을 금한다.

Oral Test 예상문제   전동 브러쉬 Frimator

1. 브러쉬 머신은 어떤 원리를 이용한 기기인가?

2. 브러쉬 머신 사용 시 주의사항은 무엇인가?

3. 브러쉬 보관방법은?

4. 베이스로 어떤 것을 사용하는가?

7 마사지 (Massage)

1. 마사지의 정의

'Masso'라는 반죽하다, 주무르다 라는 그리스어에서 유래하였다. 오늘날 'Massage'라는 말로 명칭, 혈액순환과 신진대사를 증진시켜 체내 노폐물의 배설작용과 인체 조직의 기능 회복을 위해 신체를 마찰하거나 두드리거나 주무르는 행위를 의미한다.

2. 마사지의 기본동작

기본동작	방법	효과
쓰다듬기 (경찰법, Effeulage)	손바닥을 이용하여 피부 표면을 쓰다듬는 동작으로 마사지의 처음과 마무리 단계에 쓰인다.	근육이완, 신경안정, 림프순환 촉진효과
문지르기 (강찰법, Friction)	쓰다듬기보다 조금 더 깊은 조직에 효과가 있으므로 주름이 생기기 쉬운 부위에 주로 많이 실시. 손가락의 첫마디 부분을 이용하여 나선을 그리듯 움직이는 동작. 주로 양지나 네손가락을 많이 사용	조직의 혈행 촉진, 결체 조직을 강화, 피지 분비촉진, 노폐물 제거
반죽하기 (유연법, Petrissage)	근육을 쥐고 손가락 전체를 이용하여 반죽하듯이 비틀거나 주무르는 방법	근육의 혈행을 좋게 하므로 근육의 노폐물 제거가 원활해진다. 근육의 피로와 통증 제거
두드리기 (고타법, Tapotement)	마사지 부위에 따라 강도를 결정한다. 손가락을 이용하여 빠른 동작으로 리드미컬하게 두드린다. 영양을 고루 보충시키기 위해서도 가볍게 두들긴다.	근육위축, 지방 과잉 축적방지, 시술 부위의 신진대사 촉진, 신경조직의 기능 활성화
진동법 (떨기, Vibration)	손끝이나 손 전체로 피부를 진동시킨다. 섬세한 느낌을 주는 동작이다.	경직된 근육의 이완, 진정 결체 조직의 탄력증진 림프와 혈액의 순환촉진

3. 마사지의 효과

① 피부와 모든 피부 구조들이 영양분을 섭취한다.
② 모공을 이완시켜 피지와 땀의 분비를 증가시킨다.
③ 피부를 부드럽고 유연하게 한다.
④ 피부의 혈액 순환을 촉진한다.
⑤ 피하조직에 있어서 지방세포가 감소한다.
⑥ 부종 완화, 진통 및 긴장 완화효과

4. 마사지를 피해야 하는 경우

① 상처가 있을 때
② 피부가 극도로 예민할 때
③ 각종 피부질환을 앓고 있을 때

5. 마사지시 주의사항

① 주변 환경 정리정돈을 깨끗하게 한다.
② 조명은 너무 밝지 않게 한다.
③ 관리사의 손톱은 청결히 한다.
④ 관리사의 손을 늘 따뜻하게 유지한다.
⑤ 마사지시에는 가급적 대화를 피한다.
⑥ 마사지 시 힘이 너무 강하면 오히려 피부에 자극이 온다.
⑦ 근육방향을 무시하게 될 경우 오히려 피부에 주름을 유발할 수 있다.

6. 마사지에 사용되는 크림의 종류

1) 마사지 크림 (Massage Cream)
① 광물성 기름과 유성원료로 이루어져 있다.
② 피부에 영양을 공급하나 광물성 기름을 함유하므로 사용 후 깨끗이 닦아낸다.
③ 피부 도포 후 처음 사용 시 뻑뻑함을 느끼나 마찰이 주어지면 부드러워진다.

2) 식물성 오일 (Vegetable Oil)
① 식물성 원료로 이루어져 있다.
② 피부에 영양을 공급하며 피부친화력이 높아 흡수가 잘된다.
③ 피부타입에 따라 이용할 수 있다.

3) 영양 크림 (Nourishing Cream)
① 유성원료로 이루어져 있다.
② 피부 타입별로 사용이 가능하다.
③ 식물성 오일과 섞어 사용할 수 있다.
④ 자극적으로 닦지 않아도 된다.

Oral Test 예상문제   마사지 Massage

1. 얼굴 마사지 테크닉은 어떤 종류의 마사지 테크닉인가?

2. 스웨디시 마사지의 기법 5가지는 무엇인가?

3. 마사지 관리 시 유의할 점은 무엇인가?

4. 마사지 동작 중 가장 자극이 큰 동작은 무엇인가?

5. 진동법의 효과는 무엇인가?

6. 마사지의 관리목적은 무엇인가?

　　■ 지성피부 –

　　■ 건성피부 –

8 팩 (Pack)

1. 팩의 정의

package의 포장하다. 싸다의 그리스어에서 유래하였다. 도포 후 차단막을 형성하지 않고 공기와 통하며 굳지 않는다.

2. 팩의 종류

1) **수분팩 (건성팩)** : 피부 수분 공급, 보습효과
   - **수분용 성분** : 히아루론산, 글리세린, 알로에, 콜라겐, 세라마이드, NMF, 꿀 등
   - **건성용 성분** : 히아루론산, 글리세린, 알로에, 콜라겐, 난황오일, 쉐어버터, 아르간오일, 콩 단백질, 마치현 추출물 등

2) **정화팩** : 피지조절 및 항균, 모공수축
   - **지성용 성분** : 제라늄, 알란토인, 머드, 녹차, 설파, 버가못, AHA, BHA 등
   - **여드름용 성분** : 티트리, 로즈마리, 병풀추출물, 라이스파우더, 유황, 레티놀 등

3) **민감팩** : 피부 진정, 수분, 건조한 피부
   - **성분** : 알로에베라, 카모마일, 루틴, 비타민 K.P, 아이리스, 마치현 추출물, 라벤더 등

4) **브라이트닝팩** : 미백, 색소침착 방지
   - **성분** : 닥나무 추출물, 알부틴, 비타민 C, 나이아신아마이드, 레몬, 감초추출물 등

5) **탄력, 노화팩** : 피부 탄력, 피부 톤업
   - **성분** : 큐엔자임 Q10, 아데노신, 캐비어추출물, 레티놀(비타민 A), 콜라겐, 엘라스틴, 라벤더, 플라센터, 윗점오일

3. 팩의 제형

1) **크림타입** : 도포 10~15분 후 물로 씻어낸다.

2) **분말타입** : 물에 개어서 바르고 물로 씻어낸다.

3) **시트타입** : 얼굴에 맞게 부착시켜서 사용한다.

4. 팩의 목적 (피부의 상태에 따라)

① **지성+건성** : 유수분밸런스
② **건성+민감** : 보습 및 진정
③ **노화+비타민 A,C** : 보습 및 미백
④ **지성+수분** : 유수분밸런스
⑤ **건성+과색소** : 보습 및 미백
⑥ **지성+여드름** : 피지조절 및 살균
⑦ **지성+민감** : 피지조절 및 진정

Oral Test 예상문제 팩 Pack

1. 지성팩의 목적과 성분은 무엇인가?

2. 수분팩의 목적과 성분은 무엇인가?

3. 건성팩의 목적과 성분은 무엇인가?

4. 민감팩의 목적과 성분은 무엇인가?

5. 노화팩의 목적과 성분은 무엇인가?

6. 비타민팩의 목적과 성분은 무엇인가?

⑨ 마스크 (Mask)

1. 마스크의 정의

'덮어가리다'라는 의미로 미국과 유럽에서 마스크라고 불린다. 공기가 차단되어 재료가 응고되거나 마른 상태에서 떼어낸다. 외부의 공기 유입이 차단되고 내부로부터의 수분증발도 차단된다.

2. 마스크의 종류

① **석고팩** : 혈액순환이 저하된 노화피부 및 색소침착 관리 시 열로 순환시켜 향상시킴. 영양공급, 주름관리에 탁월함.
  - 화농성 여드름 피부 및 예민한 피부, 모세혈관 확장 피부는 사용을 자제.

② **벨벳 마스크** : 콜라겐의 활성성분을 흡수시키는 종이 형태의 마스크.
  - 세포재생과 보습효과가 뛰어남. 노화피부, 수분 부족 지성피부, 건성피부에 효과적임.

③ **모델링 마스크** : 피부에 도포하면 표면 온도를 낮춰주어 피부의 긴장감을 올려줌. 탄력과 진정에 효과적임.

화장품 성분 A to Z

AHA(아하) : 글라이콜릭에시드(글리콜산 - 사탕수수에서 추출)는 화장품이나 피부 관리실에서 많이 사용된다. AHA는 피부 각질을 연화시켜 탈락과 새로운 세포 생성을 촉진시켜 피부 표면을 부드럽고 매끄럽게 만들어준다. 수용성으로 입자가 작고 피부 투과가 빠른편으로 건성피부에게 추천한다.

Azulene(아줄렌) : 캐모마일 꽃 100kg에서 단 한 방울만 나오는 귀한 진정 성분'아줄렌은 캐모마일을 비롯해 유칼립투스나 소나무 및 국화과 식물에서 채취하는 성분으로 평소 국화과 식물에 민감할 경우 알레르기 반응을 일으킬 수 있는 점도 유의한다. 이라 소개하며 외부 자극으로 지친 피부를 달래고 다독이는 진정에 특화됨, 피부가 민감한 사람뿐 아니라 미세먼지나 마스크 등 피부를 공격하는 외부 요소가 많아지는 요즘, 순한 스킨케어 아이템을 찾는 사람들 사이에서도 주목받고 있다.

BHA(바하) : 기름에 녹는 지용성 성분으로 살리실릭애씨드 한 종류 화학적 각질제거 성분으로 여드름이나 블랙헤드 부분에 피지와 각질을 깔끔하게 제거할 수 있다.

Benzophenone-3(벤조페논-3) : 화학적 차단제 인체 발암성 추정 물질. 자외선 차단제 성분으로 사용 효과가 좋아서 선크림 등에 사용되나 미국의 환경보고서에서 내분비계 장애물질로 작용하고 있다고 언급되고 있다.

Ceramide(세라마이드) : 피부 세포 가운데 표피 각질층의 지질막 성분의 하나로 피부 표면에서 손실되는 수분을 방어하고 외부로부터 유해 물질의 침투를 막는 역할을 하는 물질

Cholesterol(콜레스테롤) : 피부의 외곽 층에서 자연적으로 발견될 수있는 중요한 지질 중 하나 건강한 피부 장벽을 가지고 피부가 수분을 유지하는데 중요한 역할을 하고 있다.

Dopa(도파) : 티로신의 대사물로, 분자 내에 2개의 히드록시기(-OH)를 갖는 아미노산의 일종. 3,4-dihydroxy phenylalanine. 멜라닌세포에서는 멜라닌 합성에 이용되고, 신경세포에서는 카테콜아민 대사경로에 의해 아드레날린을 생성한다.

Decubitus ulce(욕창) : 우리 몸의 어느 부위든 지속적인 또는 반복적인 압박이 주로 뼈의 돌출부에 가해짐으로써 혈액순환이 잘 안 되어 조직이 죽어 발생한 궤양(염증이나 괴사로 인해 그 조직표면이 국소적으로 결손 되거나 함몰된 것)을 욕창이라고 한다.

Elaidin(엘라이딘) : 투명층에 존재하는 반유동성 물질로, 수분침투를 방지하고 피부를 윤기있게 해주는 역할을 하는 단백질이다.

Excoriation(찰과상) : 마찰에 의하여 피부의 표면에 입는 외상. 피부의 진피까지 상처를 입으면 꽤 출혈이 있다. 넘어지거나 둔한 물체에 의한 찰과상 등이 원인이며, 교통재해에서 많이 볼 수 있다.

Free radical(활성산소) : 세포에 손상을 입히는 변형된 산소 활성산소가 우리 몸에 무조건 해로운 것은 아니다. 예를 들어 체내에서 과산화수소의 분해 결과 생성되는 수산화 라디칼은 병원체 등을 무차별적으로 공격하여 소독약 역할을 수행하고 있다. 문제는 이것이 우리 몸이 필요로 하는 분자들까지도 무차별 공격한다는 것이다.

Fatty acids(지방산) : 지방산은 말단에 카르복실기를 가진 탄화수소의 긴 체인을 말함 지방산은 피부의 외곽층의 보호기능을 강화에서 수분을 줄여주고 항박테리아의 기능을 가지고 있으며 항염증 기능이 있다.

Glycerin(글리세린) : 글리세린은 관장, 윤활, 보습 등의 목적으로 사용되는 약물이다. 단일제는 관장약과 윤활제로 사용되고, 복합제는 크림제, 점안액, 주사제 등의 형태로 동상, 안구건조증, 수술 시 용적 축소 등에 사용된다.

Glycolic Acid GA(글리콜릭산) : AHA 그룹 중 가장 대표적인 필링제로 AHA 성분 중 분자량이 가장 작아 피부 속 침투가 빠르고 필링을 일으키는 효능도 제일 강하다. 천연적으로 할 수 있는 필링 중 가장 효과적이므로 병원에서는 물론 피부관리실에서도 많은 인기를 누리고 있다. 저농도의 글리콜린산은 홈케어용 화장품으로 사용되고 있고, 중간 또는 고농도(30% 이상) 농도를 자유자재로 다양하게 조절할 수 있어 이를 적용할 수 있는 피부대상의 폭이 상당히 커 거의 모든 피부가 GA 적용 대상이라 할 수 있다.

Hydroxy acid(히드록시산) : 각질세포 사이의 결합력을 악화시켜 각질세포가 피부에서 자연스럽게 떨어질 수 있도록 한다. 피부 속 콜라겐을 분해하는 효소를 억제하여 피부진피층을 두꺼워지게 한다.

Hyaluronic acid(히알루론산) : 사람의 몸 속에 존재하는 다당류의 일종으로 피부, 관절액, 연골, 눈물 등에 많이 분포되어 있으며 스스로 무게의 300~1000배에 해당하는 물을 함유할 수 있는 특성이 있다. 히알루론산은 눈물의 점액층 주성분으로 각막의 수분과 결합하여 보습효과를 나타내며, 점도가 높아 안구 표면을 오랫동안 촉촉하게 유지하고 보호하는 작용을 한다.

Iontophoresis(이온영동법) : 피부에 미세한 전류를 흘려보내서 영양을 투입시키는 방법이다. 예를 들어 음극에 해당하는 비타민 C를 피부에 흡수시키려 할 때 같은 음극의 전류를 몸으로 흘려보내면 같은 극끼리 밀어내는 힘에 의해서 피부 속으로 비타민 C가 밀어넣어진다.

Infrared ray(적외선) : 열피부노화를 유발한다 피부온도가 상승하면 콜라겐섬유. 탄력섬유 등의 단백질을 분해하는 효소가 증가하여 콜라겐이 줄어들면서 진피층이 손상돼 피부탄력이 떨어지며 주름이 늘어나 피부 노화를 가속시킨다.

Jojoba oil(호호바 오일) : 피부에 잘 침투하고 피지 조절과 보습에 효과가 있어 로션, 크림 등 화장품의 원료로 자주 쓰이는 식물성 오일이다.

Jasmine(쟈스민) : 피부의 보습을 도와주는 성분으로 피부 진정에도 효과적인 것으로 알려져 있으며 독특한 향이 있어 고유한 향으로 제형에 향을 부여하는 능력이 있다.

keratohyalin granule(케라토하이알린과립) : 포유류 표피 과립층의 세포에서 볼 수 있는 불규칙한 외형을 갖는 대소부동의 과립. 일반적으로 1~5μm 정도의 크기로 강한 호염기성이다.

kojic acid(코직산) : 전통적으로 발효식품에서 유래한 물질로 술 빚는 사람들의 손이 일반인보다 하얗다는데에서 힌트를 얻어 미백 화장품으로 사용되기 시작했다.

Lipase(리파아제, 라이페이스) : 동물의 소화효소로서 위액·이자액·장액 속에 분비되고 폐·신장·부신·지방조직·태반 등의 각종 조직에도 있으며, 식물에서는 밀·아주까리·콩 등의 종자와 곰팡이·효모·세균 등에도 널리 들어있고, 우두바이러스에도 들어있다. 그 밖에 특수한 라이페이스인 리포단백질 라이페이스가 동물의 혈액 등에 존재하면서 리포단백질을 형성하는 중성지방에 잘 작용한다.

Lichenification(태선화) : 피부의 정상적인 문리가 과장된 형태로 피부가 비후된 상태로서 그 때문에 피부의 선조는 교차하는 모형을 만들게 된다. 이 병은 지나치게 오랫동안 피부를 긁거나 문지르기 때문에 일어나며, 아토피성 체질이 유전된 환자에게서 보통 볼 수 있다.

Melanin(멜라닌) : 흑갈색 색소로서 일정량 이상의 자외선을 흡수하는 방식으로 자외선의 침투를 차단한다. 체온을 유지해주며 멜라닌의 양에 의해 피부색이 결정된다.

Mucopolysaccharides(뮤코다당류) : 생체의 운동을 원활하게 하여 환경에 대한 보호작용을 나타내는 점성분비액(mucus)에서 얻어진 다당류이다.

Natural Moisturizing Factor(천연보습인자) : 각질층의 수분 보유에 중요한 역할을 하며 각질층에 있는 세포들 내부에서만 유일하게 발견되며 각질층의 수분을 붙잡는 능력을 갖고 있다.

Natrium perborate(붕산나트륨) : 과붕산나트륨 붕산이나 붕산나트륨이 나트륨 또는 과산화수소와 상호작용하여 생성된 화합물. 방부제, 2% 용액으로는 치약으로 사용한다.

Opuntia ficus indica seed oil(보검선인장씨 오일) : 추출하여 여드름 피부와 건성피부를 포함한 모든 피부타입에 적합한 스킨케어 제품으로 판매하고 있다.

Pfaffia Paniculata Root Extract(수마뿌리추출물) : 식물성, 항염, 진정제, 각질제거, 활성성분, 각질을 제거하는 기능을 수행할 수 있다.

Quercetin(쿼세틴) : 식물에 널리 분포하는 색소로 플라보놀의 유도체. 쿼세틴 및 그 배당체의 하나인 루틴 등에는 모세혈관의 강화작용이 있다고 알려져 있다.

Quinoa(퀴노아) : 고대 잉카문명 시절부터 재배된 고단백·고영양 식품으로, 남아메리카 안데스산맥 지역에서 주로 생산되는 명아줏과 작물로 칼슘·칼륨·인·철분·마그네슘·망간·아연·셀레늄 등의 각종 무기질과 미네랄을 비롯해 비타민, 섬유질, 녹말 등 풍부한 영양성분을 가지고 있다. 리신과 인은 근육 및 골격을 구성하는 기능으로 골다공증을 예방할 수 있고, 마그네슘은 혈압을 적절히 유지하는 기능을, 망간과 셀레늄은 항산화 작용을 통해 노화를 방지하는 기능이 있다.

Retinoids(레티놀) : 합성 비타민 A 유도체로 피지 분비를 조절할 뿐만 아니라 과다한 피지 분비로 인해 이상 증식된 각질을 개선하여 면포를 없애는 작용을 돕는다. 트레티노인(tretinoin)과 이소트레티노인(isotretinoin), 아다팔렌(adapalene) 등의 약물이 있으며 트레티노인의 경우 여드름 치료와 함께 피부 미세주름과 색소침착의 개선에도 사용된다.

Riboflavin(리보플라빈) : 각종 대사에 중요한 역할을 하는 조효소 구성성분으로 결핍 시 구각염, 구순염, 설염, 지루성 피부염, 안구건조증을 유발한다.

Sulfur protein(철-황 단백질) : 황은 머리카락과 연골 피부 손톱 발톱을 구성하는 아주 중요한 물질로 부족시 연골. 피부 구조가 파괴되고 해독작용이 제대로 일어나지 않을 수 있다.

Salicylic acid(살리실산) : 백색의 결정성 분말 또는 백색 결정. 여러 종의 원료로부터 얻는데, 그 중에서도 특히 상록수의 잎과 백화의 나무 껍질에 많이 함유되어 있으며, 보통은 합성적으로 제조된다. 국소적인 각질용해제로 사용된다.

T- lymphocytes(t-림프) : t-림프의 일종으로 세포성 면역 기능에 관여한다. 백혈구의 일종으로 중 3/4을 차지하며 백혈구 중에서도 30% 정도를 차지한다. 주로 세포성 면역에 관여하며 면역 기능이나 알레르기와 관련이 있다. 가슴샘(흉선)에서 성숙한다.

Urocanic acid(우로칸산) : 땀 속의 우로칸산이 자외선의 필터 역할을 한다. 특히 중간 파장의 자외선인 UVB을 막아주는 기능이 있다.

Ultraviolet rays(자외선) : 태양광의 스펙트럼을 사진으로 찍었을 때, 가시광선보다 짧은 파장으로 눈에 보이지 않는 빛이다. 사람의 피부를 태우거나 살균작용을 하며, 과도하게 노출될 경우 피부암에 걸릴 수도 있다.

Vitamin A(비타민 A) : 동물성 식품과 식물성 식품으로 섭취할 수 있다. 비타민 A는 지용성 비타민이므로 지방이나 기름과 결합했을 때에만 체내로 흡수된다.

Vitamin C(비타민 C) : 결합조직과 지지조직 형성한다. 피부, 잇몸 건강 항산화 물질로 신체를 활성산소로부터 보호해준다.

Wheal(두드러기, 팽진, 구진) : 신체 표면에 생기는 편평하고 약간 두드러진 부위로서, 주위의 피부보다 붉거나 창백하다. 가끔 심한 소양감을 갖고, 보통은 일과성으로 크기나 형태가 변하고 수시간 내에 소실된다.

Witch Hazel(위치하젤) : 잎과 나무껍질은 차와 연고로 만들어진다. 피부와 두피에 바르는 위치하젤은 염증을 완화하고 민감한 피부를 진정시키는 능력으로 널리 알려져 있다.

Xerasi(모발 건조증) : 샤워를 하고 난 후 머리카락을 말릴 때 뜨거운 열이 배출되는 드라이기를 사용하거나 건조한 환경에 장시간 노출되면 나타나는 증상 악화 시 탈모의 원인이 된다.

Xeroderma(피부건조증) : 피부 건조증은 건조함으로 인해 불편감을 느낄 수 있는 피부의 상태를 의미한다. 또한 피부에 수분이 정상의 10% 이하로 부족한 상태를 가리키며, 임상적으로는 약간의 붉은 반점과 열창이 있으면서 비늘을 보이고 표면이 거친 피부 상태를 말한다.

Yeast(맥주효모) : 비오틴 대용으로 복용하여 피부 및 모발 문제(탈모)를 개선하고, 비타민 B군이 함유돼 있어 에너지 대사에 도움 되므로 활력 향상에도 효과가 있으며, 당뇨병에도 역시 효과가 있다.

Zinc oxide(산화아연) : 세포 손상을 방지하고 체내 글루타치온 합성을 증가시키는 항산화 역할을 하여 염증을 유발하는 사이토카인의 생성을 막아주는 역할을 한다.

11. 피부에 영향을 미치는 요인

1. 내적요인

1) 알코올 Alcohol
- 몸으로부터 비타민B와 C를 빼앗아 간다. 일시적 수분부족 피부(Dehydrate skin)를 만듦(뇌하수체 후엽의 기능 약화로 인하여 항이뇨호르몬이 감소함).

2) 카페인 Caffein
- 커피, 차, 코코아 등은 부드러운 마약에 속하는 카페인함유.
- 긍정적 효과는 운동신경 강화, 혈압상승, 피곤함을 완화시키는 작용이지만 그러나 너무 많이 마시면 비타민과 무기질의 흡수를 방해함. 뼈가 약해지고 이뇨작용이 있어 일시적 수분부족 피부가 될 수 있음. 또 신경계와 심혈관계의 활동을 활발하게 함으로 안면홍조가 있는 사람은 피해야 함.

3) 흡연 Smoking
- 비타민을 파괴시킴. 콜라겐 생성을 방해하므로 노화 주름이 일찍 생길 수 있음. 니코틴은 세포의 회복을 방해하고 순환을 나쁘게 한다.

4) 약 Medication
- 어떤 약은 피부를 일시적 수분부족 피부로 만든다. 스테로이드계 약은 부종을 일으킴. 스테로이드계 약은 피부를 약하게 만듦. 피임약은 색소침착을 일으킴. (복용 중인 약을 고객카드 작성 시 체크하여 관리 시 참고해야 함)

5) 스트레스 Stress
- 스트레스를 받으면 혈액순환과 림프순환이 원활하지 않아서 얼굴 근육이 쪼여지는 현상이 있다.
  순환이 나빠지면 피부 영양상태가 나빠지고 스트레스는 수면에 여러 가지 장애를 가져온다. 수면 부족은 피부의 순환을 느리게 하고 특히 눈 밑 조직에 영향을 끼쳐서 다크써클이 나타난다. 불면증(insomnia) 해소를 위해서 아로마 성분이 든 제품을 흡입하거나 따뜻한 물을 사용한 목욕, 족욕법을 활용하면 좋다. 너무 많이 수면을 취해도 체액이 조직에 모아지면서 순환이 나빠져 피부가 안 좋아진다. 스트레스는 카페인, 알코올, 니코틴의 과잉복용으로 이어질 수 있다.
- 스트레스와 분노는 어떤 문제성 피부의 원인이 되는 경우가 많다. 부스럼이나 다래끼 등은 스트레스로 나타난다. 건선, 습진은 더 나빠진다. 스트레스가 있는 고객은 살롱에서 릴렉스 관리를 해주어야 한다.

2. 외적요인

1) 자외선 (Ultra-violet light)

- 자외선은 피부에 긍정적인 영향도 있다. 자외선은 프로비타민 D 를 비타민D로 만든다. 멜라닌을 활성화시켜 선탠(Sun tan)을 만든다. 선탠이 된 피부가 더 건강해 보인다고 생각하며 선호하는 고객도 많다.

- 자외선은 UV-A, UV-B, UV-C로 나뉘어진다.

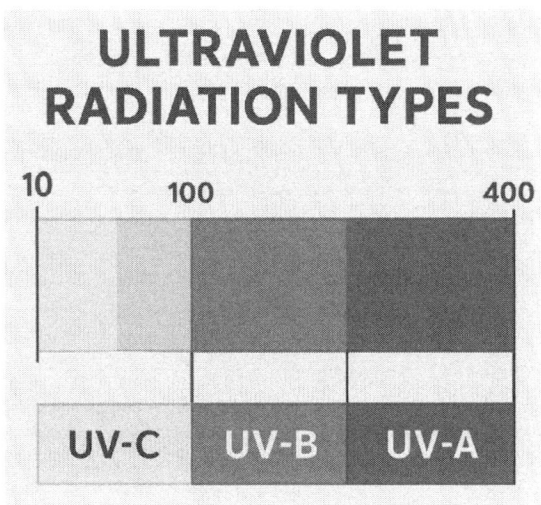

[그림 25] 자외선의 종류

- UV-A : 피부를 자극하여 빠르게 태닝효과를 주지만 그리 오래가지는 않는다. UV-A는 진피까지 깊숙이 침투하여 피부노화의 원인이 된다. 또한 세포를 퇴화시키는 Free radical이 형성되어 콜라겐과 엘라스틴의 형성을 방해한다. 따라서 피부는 탄력을 잃고 주름이 생긴다.

- UV-B : 비타민 D를 생성한다. UV-B는 UV-A보다 좀 더 지속되는 선탠을 한다. UV-B는 UV-A보다 파장이 짧다. 10% 정도만 진피에 도달한다. UV-B는 피부가 자외선을 반사하기 위하여 기저층을 두껍게 만드는 원인이 된다. UV-B는 선번(Sun burn)의 원인이 된다. 악성흑색종(Melanoma)의 원인이 되기도 한다.

- UV-C : 자외선 중 파장이 제일 짧고, 오존층에 의해 제거됨으로 지구상에는 도달하지 않는다. 자외선 C는 살균작용이 있어 소독에 사용된다. 피부암(carcinoma)의 원인이 된다.

- 선탠은 일단은 피부가 상처(damage)를 입었다는 표시이다. 자외선과 적외선 모두 광노화에 관계한다. 검은 피부는 좀 더 많은 멜라닌 양을 가지고 있다. 이들은 자외선을 좀 더 많이 흡수한다. 하지만 멜라닌양이 많아서 자외선 흰 피부에 비해서 조금만 진피에 도달한다. 그러나 이 멜라닌이 완전하게 차단이 될 수는 없다.

따라서 화학적인 피부 보호막인 썬크림을 사용하여야 한다.

- 인공적 선탠기는 주로 UV-A를 이용하는데 이 광선도 진피조직에 해가 될 수 있다

[자외선의 파장 영역과 흡수 수준]

구분	파장	흡수 수준
UVA	315 ~ 400nm	오존층에 흡수되지 않음
UVB	280 ~ 315nm	대부분 오존층에 흡수되지만, 일부는 지표면에 도달
UVC	100 ~ 280nm	오존층과 대기에 완전히 흡수

2) 적외선 (Infra Red)
- 가시광선보다 파장이 길며, 눈에는 보이지 않지만 물체에 흡수되어 열에너지로 변하는 특성이 있다. 긴장 완화와 따뜻한 온열효과를 가지고 있다. 적외선은 피부노화를 가져오고 피하지방층까지 침투한다.

3) 기후 (Climate)
- **피지생성** : 추위에 피부가 노출되면 피지분비가 감소하여 보호막이 약화되므로 습기가 잘 증발된다.
- **땀** : 더운 날씨에는 땀 분비가 증가하여 체온을 낮춘다.
- **수분정도** : 날씨가 덥고 건조하면 피부수분정도는 낮아진다.
- **기온 변화** : 더위와 추위가 자주 반복되면 모세혈관이 파괴된다(broken capillaries)백인은 붉은선으로 흑인은 색의 퇴색으로 나타남.
- **각질층** : 기후에 자꾸 보호받지 못하고 노출되면 각질층은 피부보호를 위해서 증식된다.

4) 환경 스트레스와 공해 (Environmental stress and Pollution)
- **비누 등 알칼리 제품** : 피부로부터 피지막을 제거하고 수분을 손실되도록 한다.
- **에어컨, 히터** : 피부의 수분이 손실된다.
- **환경공해** : 수은, 카드뮴, 알루미늄 등이 체내에 물, 음식, 먼지 등을 통해 축적될 수 있다. 야채를 깨끗이 세척해서 먹고, 비타민 C나 E를 충분히 섭취한다.
- **대기오염** : 매연, 자동차 배기가스 등은 클렌징으로 깨끗이 제거해야 한다. 대기오염물질은 피부보호막인 수분막을 감소시킨다.

 피부유형 (Skin Types)

1. 기본 피부유형 (Skin types)

1) **정상 피부 (Normal skin)** : 피지와 수분이 균형 맞게 분비됨. 성인에게는 정상피부는 매우 드물다.
   - 모공은 작거나 중간사이즈이며 피부수분정도도 좋다.
   - 피부결, 피부탄력은 좋고 과색소 침착도 거의 없다.
   - 피부를 만져보면 아주 탱탱함
   - 뾰루지 등도 없음
   - 순환이 좋아서 혈색이 건강하다.

2) **건성 피부 (Dry skin)** : 피지분비가 적음. 결국은 부족한 피지는 피부수분의 증발을 유발하여 수분량도 부족하게 된다.
   - 모공이 작은편이고 수분량 적다.
   - 피부결은 거칠고 얇으며 벗겨져나가는 피부조각이 있다.
   - 이런 피부는 민감해질 가능성이 높다(모세혈관 파열).
   - 노화가 빨리 진행됨. 노화주름이 눈가나 입과 목에서부터 일찍 발생하기 시작한다.
   - 주근깨가 나타나는 경향이 많다.
   - 피부가 당기는 느낌이 든다.
   - 비립종(milia)이 눈가나 볼에 잘 나타난다.(☞비립종은 물사마귀라 불리우며 한관종과 혼돈되어 쓰이지만 다른 질병임. 비립종은 다른 피부 각질과 피지가 뒤엉켜서 발생하는 피지선 장애로 꼭 좁쌀처럼 보인다. 흰색이나 노란색 알갱이가 들어있음)

3) **지성 피부 (Oily skin)** : 피지분비량이 많음. 사춘기에는 남성호르몬 안드로겐이 많아져서 피지선이 매우 활발해져서 지성피부가 되는 경우가 많다. 지성피부는 뾰루지나 트러블을 발생시킨다. 피지선은 20대부터 쇠퇴하기 시작한다.
   - 모공이 넓고 피부는 거칠고 두껍다.
   - 수분보유량이 좋다.
   - 피부가 번들거리며 죽은 각질이 피지 속에 둘러 쌓여있다.
   - 혈액순환 림프순환이 나빠 혈색이 칙칙하다.
   - 코메도, 구진, 농포 등이 나타난다.

4) **복합성 피부 (Combination skin)** : 일부는 지성이고 일부는 건성인 피부형태로 T존은 지성이고 U존은 건성으로 나타난다. 2가지 이상의 피부타입이 공존하는 피부 타입이다.
   - 지성부위 모공이 넓고 건성부위는 모공이 작다.
   - 수분량 지성부위는 좋고 건성부위는 나쁘다.
   - 지성부위는 번들거리고 건성부위는 민감하거나 과색소를 띄고 있다.

- 지성부위는 피부가 두껍고 건성부위는 얇다.
- 지성부위에는 뽀루지, 구진, 농포, 코메도 등이 있다.
- 비립종과 모세혈관 파열이 건성부위에 보인다.

2. 피부의 추가적 특성들 Additional characteristics

1) **민감성 피부 (Sensitive skin)** : 대체로 건성인 경우 민감성 피부를 동반한다(그러나 예외도 있음).
    - 모세혈관 파열, 모세혈관 확장 등이 있음
    - 피부는 붉은 경우가 대부분이며, 손을 대면 피부가 뜨겁다.
    - 벗겨져 나가는 피부 각질들이 있다
    - 클렌징 후 붉어진다(마찰).
    - 스파츌라로 자국을 내면 원상복귀가 안되고 계속 붉어져 있다.

2) **알러지 피부 (Allergic skin)** : 알러지는 어떤 특정물질에 반응하므로 관리사는 피해야 할 물질이 무엇인지 알아두어야 한다.

3) **일시적 수분부족피부 (Dehydrated skin)** : 피부가 수분을 잃어버리는 현상으로 어떤 피부유형에서나 발생 가능하다. 대체로 건성이나 복합성 피부에게 나타난다. 아니면 병으로 인한 발열로 땀을 흘리는 경우나 약을 복용함으로 발생 하기도 한다.

4) **부종 피부 (Odematous skin)**
    - 조직이 물을 붙잡고 있는 현상으로 질병이 있는 경우(간, 신장, 심장 등의 이상)나, 약의 부작용으로 발생한다. 날씨가 너무 더워도 부종이 생기고. 혈액순환과 림프순환이 나쁘면 주로 눈가가 붓는다. 이런 경우에는 부드러운 마사지가 효과가 있다. 너무 많은 염분을 섭취하거나, 과다한 알콜 섭취, 카페인 섭취도 부종의 원인이 된다. 고객의 부종의 원인이 명확하지 않으면 피부관리 전에 병원을 찾도록 한다.

5) **노화 피부 (Mature skin)** : 사춘기에는 피지선이 활발하며 호르몬의 영향으로 젊은 학생들은 뽀루지와 여드름 등의 피부트러블이 생긴다. 그러나 25세부터 피부는 노화를 시작한다. 따라서 피부의 탄력도는 나이와 관계가 깊다. 젊은이들은 콜라겐과 엘라스틴이 건강하므로 탄력이 좋고 주름이 없다. 나이가 들면 탄력이 떨어지고 노화주름과 표면주름이 생긴다. 탄력도 체크는 위 피부를 손으로 집어보면 된다. 빨리 제자리로 피부가 원상복귀하면 탄력도가 좋은 것이다. 노화는 광선에 자주 노출되면 가속되어진다.
    - 피지선의 쇠퇴로 건성화 됨
    - 엘라스틴 섬유의 경화로 약화로 탄력도 감소
    - 콜라겐의 경화로 노화주름의 발생
    - 표피의 세포재생이 더디어지고, 피부가 얇아짐(표피는 두터워지고 진피는 얇아짐)

- 눈 주위 같은 피부는 투명해지며 실핏줄이 보이기도 함
- 모세혈관 파열이 뺨 주위와 코에 나타남
- 얼굴 윤곽이 탄력도의 감소로 망가짐
- 지방층과 지지조직의 얇아져서 근육 밑의 뼈가 분명히 나타남
- 순환이 나빠져서 혈색이 칙칙함
- 군데군데 검버섯이나 잡티 등의 과색소 침착

얼굴 챠트 작성 -1

PERSONAL DETAILS

Client Name   Profession / Occupation

Date of Birth   Telephone

MEDICAL HISTORY AND CONTRA-INDICATIONS

Heart disease	☐	Metal plates/pins	☐
Blood pressure abnormality	☐	Diabetes	☐
Epilepsy	☐	Allergies	☐
Skin disorders	☐	Pregnancy	☐
Smoking	☐	Laser	☐
Fillers/Botox/Thread lift	☐	Other	☐
Medical peels	☐		

Current medication

Current treatments (e.g. laser / steroid / Retin A)

Previous treatments

Products used

Eating pattern/Fluid intake

CLIENT ASSESSMENT

General skin type	Oily ☐	Combination ☐	Dry ☐
Sebum level	Forehead: Nose:	Cheeks:	Neck: Chin:
Skin moisture epidermis	Low ☐	Average ☐	High ☐
Skin moisture dermis	Low ☐	Average ☐	High ☐
Skin elasticity	Poor ☐	Average ☐	Good ☐
Skin blood circulation	Poor ☐	Average ☐	Good ☐
Muscle tone	Poor ☐	Average ☐	Good ☐
Skin thickness	Thin ☐	Average ☐	Thick ☐
Skin sensitivity	Chemical ☐	Thermal ☐	Mechanical ☐
Lines	Superficial lines ☐	Expression lines ☐	Wrinkles ☐
UV sensitivity (Fitzpatrick scale)	I ☐ II ☐	III ☐ IV ☐	V ☐ VI ☐
Superfluous Hair (indicate area)			
Pore / Follicle size	Forehead:	Nose: Cheeks:	Chin:

얼굴 챠트 작성 –2

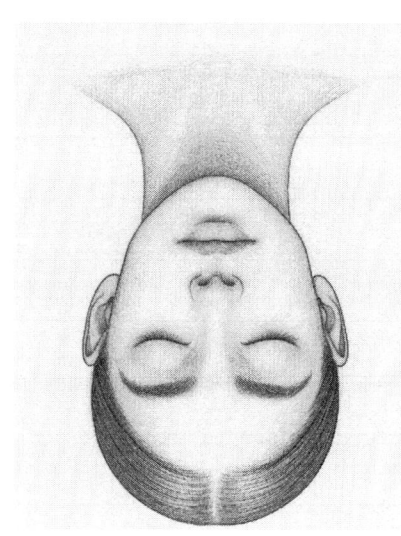

Skin disorders / conditions (marked on diagram)	
Comedones	
Papules	
Pustules	
Milia	
Rosacea	
Telangiectasia	
Naevus araneus (spider)	
Haemangioma	
Fibroma (skin tag)	
Verruca (warts)	
Scars	
Keloids	
Hyper-pigmentation	
Hypo-pigmentation	
Naevus (mole)	
Others (state)	

얼굴 챠트 작성 –3

Main treatment objective according to Analysis

TREATMENT PLAN

Cleansing (Main ingredients)	Products			
Tinting and Shaping	Tint colour lashes			
	Tint colour brows			
Deep-cleansing		**Exfoliation**		
	Desincrustation ☐	With granules ☐		
	Brush ☐	Without granule ☐		
	Steamer ☐	With enzymes ☐		
	Extractions ☐			
Electrical equipment	Iontophoresis ☐	Vacuum suction ☐		
	Faradic ☐	HF Direct ☐		
	Other: ☐	HF Indirect ☐		
Objective				

Massage Oil ☐   Cream ☐   Gel ☐

Main ingredients

Objective

Mask/s Product/s

Main ingredients

Objective

HOME TREATMENT ADVICE

	Day	Night	Weekly	Main Ingredients
Cleansing				
Eye/Lip Cleanser				
Cleansing				
Toner/Lotion				
Exfoliation				
Moisturizer				
Face				
Eye				
Neck				
Special cream				
Mask/s				
Face				
Eye				
Neck				

Recommended future salon treatments & home care

Client signature, Date

Therapist signature, Date

Oral Test 예상문제 얼굴 챠트

1. 피부타입은 무엇을 기준으로 결정하는가?

2. 피부수분정도는 어떻게 알 수 있는가?

3. 혈액순환정도는 어떻게 알 수 있는가?

4. 근육의 발달 정도는 어떻게 알 수 있는가?

5. 민감정도는 어떻게 알 수 있는가?

6. UV 민감도는 무엇을 의미하는가?

7. UV 1과 5의 차이는 무엇인가?

8. 다모는 왜 체크하는가?

9. 카르테 작성 시 코메도란 무엇을 말하는가?

10. 염증성 여드름 4단계에 대해 설명하시오.

11. 섬유종은 무엇을 말하는가?

12. 한관종과 비립종은 어떻게 구별하는가?

13. 사마귀는 왜 체크하는가?

14. 켈로이드란 무엇인가?

15. 과색소를 생성하는 색소는 무엇이며, 무엇에 가장 영향을 받는가?

16. 과색소의 종류와 그 차이는 무엇인가?

17. 기타질환에 표시할 수 있는 것은 어떤 것들이 있는가?

18. 확대경 사용 시 유의할 점은 무엇인가?

13 손톱 (Nail)

손톱의 주성분은 단백질인 케라틴 그리고 약간의 칼슘과 중금속이며 머리카락과 구성 재질이 비슷하다. 중금속 함유량이 가장 높은 신체 부위 중 하나로 단단하며 각종 중금속 중독이나 약물, 마약 등을 복용할 때 변화가 가장 빨리 나타나는 신체부위이기 때문에 이를 확인할 때 쓰인다.

손톱은 평균적으로 하루에 0.117 mm 정도 자라며 1년에 4~4.5 cm 정도 자란다. 자라는 속도도 청소년기의 키 상승률과 비슷하지만 햇빛의 양에 따라 손톱 성장에 관여하는 호르몬 분비량이 달라지기 때문에 밤보다는 낮에, 겨울보다는 여름에 더 빨리 자란다고 한다. 이는 발톱도 마찬가지이다.

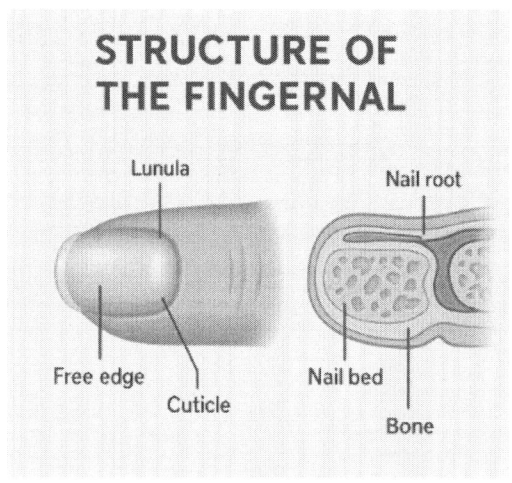

[그림 26] 손톱의 구조

1. 손톱 자체 구조

1) 네일 루트(nail root) / 조근
- 손톱의 뿌리에 해당하는 부분으로 손톱이 자라는 가장 중요한 부분

2) 네일 바디(nail body) / 조체
- 육안으로 보이는 손톱으로 신경이나 혈관이 없음

3) 네일 프리엣지 (nail free edge) / 자유연
- 손톱의 끝부분으로 손톱이 잘려나가는 부분

2. 손톱 밑의 구조

1) 네일 베드(nail bed) / 조상
- 손톱을 지탱하며 신경조직 있고, 네일 바디를 받치고 있는 부분으로 손톱의 신진대사와 수분을 공급하는 역할을 담당한다.

2) 매트릭스(matrix) / 조모
- 모세혈관과 림프, 신경세포가 있는 가장 중요한 부분이며, 매트릭스가 손상되면 더 이상 손톱이 자라지 않거나 비정상적인 손톱이 된다. 손톱을 만드는 세포를 생성, 성장시키는 역할을 한다.

3) 루눌라(lunula) / 반월
- 네일베드, 루트, 매트릭스를 연결해주는 흰색 반달모양 부분이다.

3. 손톱 주변 구조

1) 파로니키엄(paronychium) / 조상연 : 손톱을 둘러싼 양옆 피부(손톱전체를 둘러싼 피부)

2) 큐티클(cuticle) / 조소피 : 강피라고도하며 손톱 부분을 덮고 있는 부분, 신경이 없는 피부.

3) 네일 그루브(nail groove) / 조구 : 네일 양쪽부분의 오목한 부분.

4) 네일 월(nail wall) / 조벽 : 네일 그루브 위에 있는 양측면의 피부, 네일 루트를 밀착 보호하는 기능을 하며 체벽이라고 함.

5) 에포니키엄(eponychium) / 상조피 : 손톱이 피부로 들어가기 시작되는 부분이다.

6) 하이포니키엄(hyponychium) / 하조피 : 손가락 끝에서 네일바디로 들어가기 시작하는 부분으로 프리엣지 밑의 돌출된 피부로 박테리아, 세균의 침입으로부터 손톱을 보호하는 역할을 함.

14. 매니큐어 (MANICURE)

* 유리볼이나 스텐통에 소독솜을 깔고 니퍼와 오렌지 우드스틱을 담궈 놓는다.
* 오렌지 우드스틱, 파일은 새것으로 준비하고 사용 후 휴지통에 버린다.

〈 양손 케어 순서 〉

1. 관리사 손 소독 – 고객 손 소독
2. 오른손 컬러 지우기
3. 오른손 우드파일로 쉐입잡기 (한 쪽 방향으로 길게, 파일을 약간 뉘어서)
4. 오른손 핑거볼에 손 담그기 (중성세제 첨가하면 더 좋음)
5. 왼손 컬러 지우기, 쉐이핑, 손 담그기
6. 오른손 물기 제거 후 큐티클 오일 바르기
7. 오렌지 우드스틱으로 밀어올리기
8. 니퍼로 큐티클 정리
9. 왼손 꺼내어 밀어주고 큐티클 정리
10. 손 소독 후 핸드 마사지, 키친타올로 눌러주고, 아세톤으로 손톱 유분기를 제거 (솜, 우드스틱)
11. 컬러바르기
(오른손 베이스 코트 – 왼손 베이스 코트 – 오른손 컬러 1 – 왼손 컬러 1 – 오른손 컬러 2 – 왼손 컬러 2 – 오른손 탑 코트 – 왼손 탑 코트)

〈 오른손 전체 케어, 왼손 컬러만 시술 〉

1. 관리사 손 소독 – 고객 손 소독
2. 오른손 컬러 지우기
3. 오른손 우드파일로 쉐입잡기 (한쪽 방향으로 길게, 파일을 약간 뉘어서)
4. 오른손 핑거볼에 손 담그기 (중성세제 첨가하면 더 좋음)
5. 왼손 컬러 지우기 – 왼손 베이스 코트+컬러 1 바르기
6. 오른손 꺼내 키친타올로 살짝 물기 제거 후 큐티클 오일 바르기
7. 오렌지 우드스틱으로 밀어올리기
8. 니퍼로 큐티클 정리
9. 손 소독 후 핸드 마사지, 물티슈나 키친타올로 살짝 닦고 아세톤으로 손톱의 유분기 제거 (솜, 우드스틱)
10. 오른속 베이스코트+컬러 1
11. 왼손 컬러 2, 오른손 컬러 2
12. 왼손 탑 코트, 오른손 탑 코트 바르기

〈 PEDICURE 순서 〉

1. 발소독
2. 버퍼로 발바닥 족문 방향으로 밀기
3. 이후 순서는 매니큐어 순서와 동일

〈 시술 가능한 손톱의 장애 〉

1. 위촉된 네일 (Onychatrohpia) : 강한 비누가 원인
2. 물어뜯긴 네일 (Onychophagy) : 인조네일을 붙여 습관 고침
3. 파란네일 (Onychocyanosis) : 혈액순환장애
4. 멍든네일 (Hematoma) : 메트릭스가 손상되지 않았다면 다시 자람
5. 주름잡힌 네일 (Corrugation) : 밭고랑, 파도 모양
6. 계란껍질 네일 (Eggshell nail, Onychomalacia) : 프리엣지 부분이 휨, 내과적 질병, 다이어트 영양부족
7. 거스러미네일 (Hang nail) : 네일 가장자리가 갈라짐, 큐티클이 심하게 건조하여 생김, 파라핀이나 핫크림으로 관리한다.
8. 파고든 네일 (Ingrown nail, Onychocryptosis) : 조이는 신발, 길이를 너무 짧게 자르면 발생한다.
9. 조갑익상편 (Pterygium) : 조소피의 과잉성장, 큐티클이 플레이트 위로 같이 자람
10. 백색반범 (Leuconychia) : 손톱에 흰점, 작은 상처로 네일베드와 네일 플레이트 사이에 공기가 갇혀서 나타남, 자라서 없어짐
11. 골이 지고 능선이 생긴 네일 (Secolnychia) : 상처, 건강상의 원인, 철제 푸셔 금지
12. 갈라지거나 깨지기 쉬운 네일 (Onychorrhexis) : 강한 세제는 기름기를 없애고 혈액순환을 나쁘게 하므로 오일을 발라줌
13. 조갑비대증 (Onychauxis) : 네일 내부의 상처나 질병
14. 스푼형 네일 : 철분 결핍
15. 조갑종렬증 : 세로로 갈라지고 찢어짐, 과다한 리무버, 비누사용
16. 변색된 손톱 : 베이스코트를 안바르거나 혈액순환 안 좋을때

《 시술 불가능한 손톱의 질병 》

1. 네일주위염 (Paronychia) : 네일 주위의 조직이 세균에 의해 감염, 전염
2. 네일 기저 감염 (Onychia) : 불청결한 케어 원인
3. 몰드 (Mold) : 네일의 프리엣지와 인조네일 사이에 습기가 스며들어 곰팡이가 생김, 처음엔 황녹색 반점으로 나타나고 악취가 남
4. 네일진균증 (Onychomycosis) : 진균에 의해 감염
5. 네일탈락증 (Onychoptosis) : 주기적으로 떨어져 나감, 매독이나 외상
6. 네일박리증 (Onycholysis) : 손톱과 네일베드 사이에 틈이 생겨 벌어짐

Oral Test 매니큐어 예상문제 MANICURE

1. 매니큐어의 의미는?

2. 한 손에 몇 개의 뼈가 있는가?

3. 관리할 수 없는 고객의 질병 3가지는?

4. 관리샵에서 잘못 케어했을 때 생길 수 있는 질병 3가지는 무엇인가?

5. 백반은 전염성인가?

6. 무좀은 곰팡이인가? 세균인가? 바이러스인가?

7. 생인손은 곰팡이인가? 세균인가? 바이러스인가?

8. 사마귀는 곰팡이인가? 세균인가? 바이러스인가?

9. 거스러미 네일이 생기는 이유는?

10. 큐티클 오일의 사용 목적은 무엇인가?

11. 베이스코트의 사용 목적은 무엇인가?

12. 탑코트의 사용 목적은 무엇인가?

13. 탑코트의 주된 성분 2가지는 무엇인가?

14. 폴리쉬(컬러)에 많이 들어있는 성분은 무엇인가?

15. 큐티클 리무버의 성분은 무엇인가?

16. 핸드크림의 성분은 무엇인가?

17. 손톱이 누렇게 변색이 된 고객에게는 관리를 할 수 있는가?

18. 심하게 건조해 트고 갈라지는 손이나 발의 관리법은? (샵에서)

⑮ 메이크업 (MAKE-UP)

* 일반적인 데이메이크업이므로 **펄이나 누드메이크업은 삼간다.**
* **모든 제품은 일회용 퍼프로 바르고, 스파출러 사용, 종이 파레트에 덜어서 사용한다.**
* 절대 손등에 제품을 덜지 않고, 맨손으로 고객 피부를 만지지 않는다.
* 브러쉬, 아이쉐도, 립파레트 모두 깨끗이 닦여있어야 한다.
* 퍼프, 분첩은 새것으로 사용한다(일회용 사용).
* **범위는 얼굴과 목까지이다.**
* 전체적으로 색의 조화가 있어야 한다.

* **메이크업 시작 전 어깨보와 머리띠 or 머리핀을 해준다.**

1. **메이크업 베이스**를 퍼프로 가볍게 신속하게 바른다.
2. **파운데이션**을 퍼프로 전체적으로 편 다음 두들기듯이 바른다.
3. **파우더**를 두 개의 분첩을 이용해서 가볍게 바른다.
4. **눈썹 그리기** – 에보니 펜슬로 눈썹모양을 재서 그린 후 검정, 갈색을 혼합한 쉐도우로 마무리한다.
5. **아이쉐도우** – 베이스, 중간, 포인트의 그라데이션이 자연스럽게 하이라이트로 마무리한다.
6. **아이라인** – 티슈나 꼬마분첩을 손가락에 껴서 고객의 눈꺼풀을 올린 후 아이라인에 맞게 그려준다. 절대 고객이 눈을 뜨지 않게 주의를 준다. 제품은 리퀴드, 젤, 붓, 쉐도우 등 상관없다.
7. **마스카라** – 위에서 한올 한올 해준 다음 뿌리에서 몇 초간 있다가 지그재그로 올려준다.
8. **립스틱** – 쉐도우 색깔과 조화로운 립 컬러를 선택한다. 립 라인을 먼저 그려주고 안을 채워준다. 립 글로스로 마무리 해준다. 립 브러쉬보다는 면봉을 사용하는 것이 위생상 좋다.
9. **볼터치** – 코랄계열이 무난하다(핑크와 오렌지를 섞은 컬러). 웃을 때 도드라지는 광대뼈 부위에 둥글게 굴려준다. 연한 색으로 여러 번 붓터치를 해주는 것이 자연스럽다.
10. **머리정리**

〈 눈썹형과 이미지 〉

눈썹형태	이미지	설명
기본형		자연스럽고 균형이 있어 모든 얼굴에 잘 어울린다.
아치형		이마가 넓거나 매혹적인 이미지를 연출할 때 잘 어울린다.
일자형		얼굴형이 길거나 폭이 좁은 경우 동안의 이미지를 연출할 때 어울린다.
각진형		둥근 얼굴이나 짧은 얼굴형을 보완하여 단정하고 세련된 이미지를 연출할 때 어울린다.

〈 얼굴형과 눈썹 모양 〉

눈썹형태	이미지	설명
역삼각형 얼굴		둥글게 하여 눈썹꼬리를 내려준다.
삼각형		눈썹형을 크게 그린다.
긴 형		수평으로 그린다.
둥근형		직선으로 눈썹 끝을 약간 올려주면서 각지게 그린다.
사각형		눈썹의 형을 둥글게 그린다.
마름모형		눈썹 머리를 강조한 직선으로 그려주고, 눈썹 끝을 약간 올려준다.

〈 눈에 따른 섀도우 방법 〉

1. **눈꼬리가 올라간 눈** – 눈앞머리와 눈꼬리 밑부분을 중점적으로 섀도우한다.
2. **눈꼬리가 쳐진 눈** – 눈꼬리 부분에 중점적으로 섀도우한다.
3. **좌우가 다른 눈** – 작은쪽 눈의 섀도우 면적과 라인을 굵게 하고 그라데이션으로 조절한다.
4. **눈 사이가 넓은 눈** – 눈의 앞머리 쪽을 중점적으로 자연스러운 색채로 화장을 한다.
5. **눈 사이가 좁은 눈** – 눈의 바깥쪽을 중점적으로 화장한다.

〈 눈 모양에 따른 화장법 〉

1. **눈이 작은 경우** – 작은 눈을 크게 보이려면 윗눈꺼풀 전체에 갈색에 가까운 아이섀도우를 펴서 바르고 윗눈꺼풀의 가장자리에 라인을 그린 후 마스카라를 바르면 효과적이다.
2. **부은 눈인 경우** – 윗눈꺼풀 전체에 아이섀도우를 펴서 바르고 볼록한 부분의 중심부위를 진하게 칠한다.
3. **윗눈꺼풀이 움푹 들어간 경우** – 윗눈꺼풀 전체에 크림 파우더를 얇게 발라서 입체감이 있어 보이도록 한다.
4. **위로 치켜진 눈** – 아이섀도우를 눈꼬리쪽으로 펴서 바르고, 눈썹을 눈과 평행하게 그린다.
5. **돌출된 눈** – 윗눈꺼풀과 아래 눈꺼풀에 피하지방이 너무 많은 경우이므로 윗눈꺼풀에 갈색의 아이섀도우를 펴서 발라주어 음영처리를 한다.

〈 눈 모양에 따른 아이라이너 〉

1. **가는 눈** – 눈의 중심부를 굵게 그린다.
2. **작은 눈** – 라인을 굵게 그리며 아래 위의 라인에 간격을 두고 그린다.
3. **처진 눈** – 눈머리는 가늘게 하고, 눈꼬리 쪽은 굵게 그린다.
4. **올라간 눈** – 눈머리 쪽은 굵게 눈꼬리 쪽은 가늘게 그린다.
5. **눈 사이가 좁은 눈** – 눈꼬리 쪽을 강하게 그린다.
6. **눈 사이가 넓은 눈** – 눈머리 쪽을 강하게 그린다.

Oral Test 예상문제 — 메이크업 Make-Up

1. 메이크업의 목적(정의)은 무엇인가?

2. 메이크업을 할 때 무엇을 고려하여 색의 컨셉을 정하는가?

3. 메이크업 베이스의 목적은 무엇인가?

4. 파운데이션의 목적은 무엇인가?

5. 파운데이션의 종류와 그에 적합한 피부타입은 무엇인가?

6. 파우더의 목적은 무엇인가?

7. 둥근 얼굴형에 어울리는 눈썹은 무엇인가?

8. 눈 사이가 좁은 눈의 화장법은?(아이섀도우와 아이라이너)

9. 눈 사이가 넓은 눈의 화장법은?(아이섀도우와 아이라이너)

10. 처진 눈의 화장법은?(아이섀도우와 아이라이너)

11. 치크 메이크업(볼터치)의 목적은?

12. 윗입술과 아랫입술의 이상적인 비율은?

13. 쉐딩의 목적은 무엇인가?

14. 하이라이터의 목적은 무엇인가?

16 전처리 (BODY PRE-HEATING)

1. 목적

- 혈액순환을 증진시켜 다음 기기의 효과를 높이기 위해서 사용함.

2. 적용시간

- 10분 정도 적용.

3. 종류

- G5 – 전 처리 기기도 되고, 바디 관리기기도 됨.
- Scrub – 솔트
- 적외선기 – 등, 복부에 적용
- Thermo Lotion – 홍고추, 쐐기풀 추출물, 멘톨
- Brush – 솔트
- 온습포 – 기기 사용 후 반드시 2개 이상 사용하여 깨끗이 닦아내야 함.

Oral Test 예상문제 — 바디 전처리

1. 적외선은 몇 nm 이상인가? 효과는 무엇인가?

2. 적외선의 적당한 거리는 얼마인가?

3. 더모로션의 성분과 효과는 무엇인가?

4. 전처리 후 고객의 피부가 빨개지는 이유는 무엇인가?

17 후처리 (BODY WRAP Mask)

1. 종류

- Clay 팩 – 노폐물 흡착과 브라이트닝, 주로 등 여드름에 사용. 머드(진흙), 클레이, 카올린
- Algae 팩 – 독소배출과 탄력이 필요할 경우, 주로 복부에 사용함, 알게 추출물, 요오드, 스피루리나, 미네랄
  (바다 해초, 미역 등에서 추출)
* 주의 – 소량만 사용한다(물에 불어남). 갑상선 관련 질환을 가진 고객에게는 적용하지 않는다(갑상선 치료에 영향).
- Cellulite 팩 – 안티-셀룰라이트, 주로 셀룰라이트가 많은 부위에 도포,
  카르니틴, 카페인, 멘톨, 자몽
- Vitamin A, C, E 팩 – 보습, 영양공급비타민 A, C, E

2. 적용방법

1) 클레이, 알게는 고무볼에 물로 개서 바디용 붓으로 바르고 랩을 씌운다.
2) 셀룰라이트 크림과 비타민A, C, E 팩은 유리볼에 덜어서 바디용 붓으로 바르고 랩 씌운다.
3) 랩을 씌운 후 마른타월로 덮어놓는다.

3. 적용시간

- 10~15분 정도

4. 잔여물을 깨끗이 닦아서 마무리한다(온습포, 냉습포 상관없음).

Oral Test 예상문제　바디 마스크　Body Mask

1. 알게팩의 성분과 효과는 무엇인가?

2. 셀룰라이트 팩의 성분과 효과는 무엇인가?

3. 클레이팩의 성분과 효과는 무엇인가?

4. 비타민팩의 성분과 효과는 무엇인가?

5. 팩을 하고 랩핑을 하는 이유는 무엇인가?

18 바디 기기 (Body Machine)

1. 바디 석션 (Body Vacuum Suction)

- 림프 배농의 기계적 관리 방법이다.

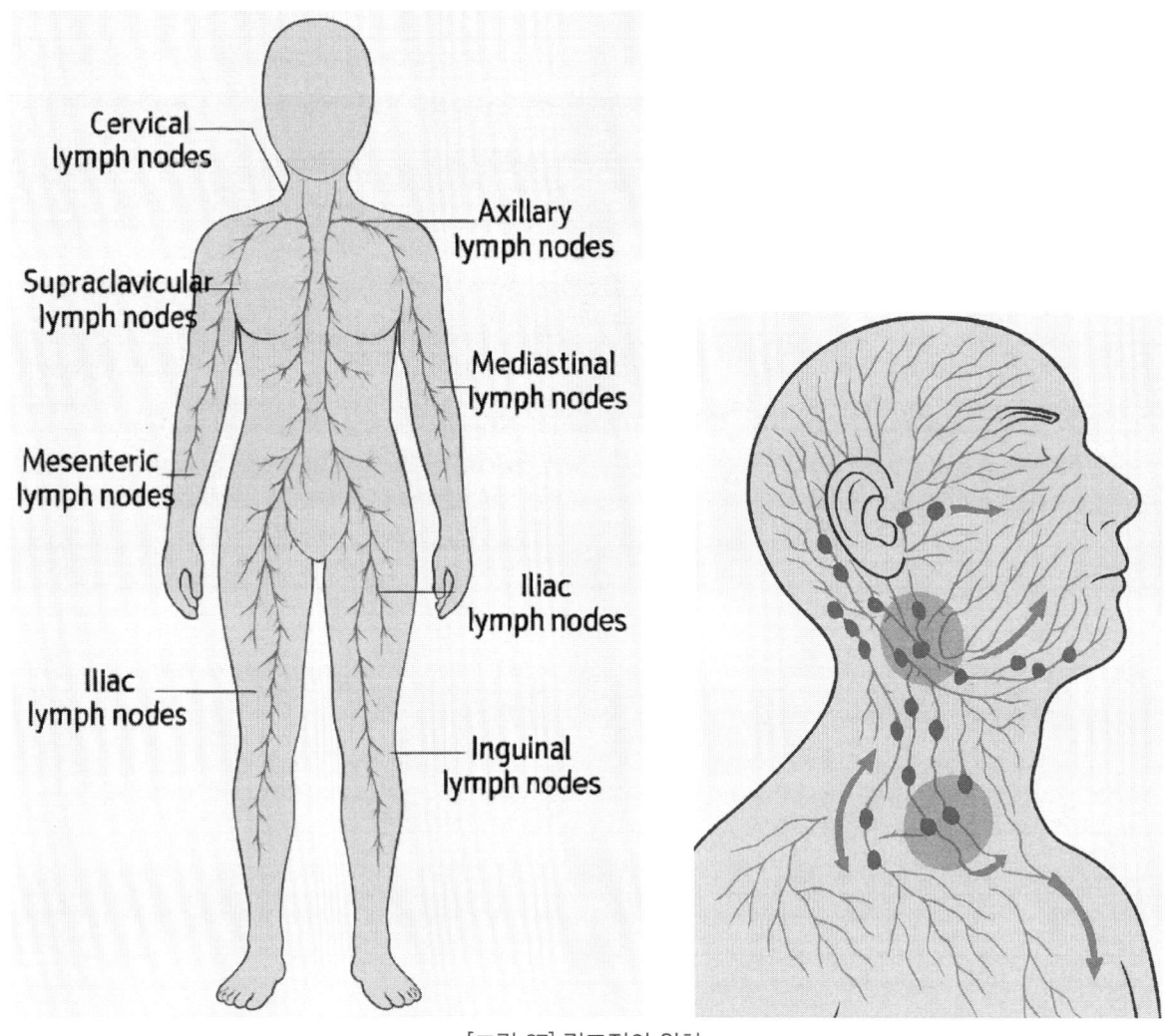

[그림 27] 림프절의 위치

※ **림프란** : 라틴어로 '물'을 뜻하는 lympha에서 유래하였다. 조직세포 간극에 존재하는 액체를 조직액이라 하는데, 이것이 림프관에 들어가면 림프라고 한다. 림프절은 정맥계와 비슷하게 조직에서 체순환으로 체액을 돌려보내는 역할을 한다.

※ **림프배출경로** : 림프절 → 흉관 → 쇄골하정맥 → 혈액 → 신장 → 땀과 소변

1) 효능 및 효과

① 혈액과 림프의 흐름을 증가시킨다.
② 혈류량을 증가시켜 순환에 도움을 준다.
③ 부분적인 부종을 제거한다(전체적 순환장애는 X).
④ 순환장애를 예방할 수 있다.
⑤ 지방침전물의 흡수를 돕는다.

2) 금기사항 (Contra-Indication)

- 피부질환
- 베임, 멍, 찰과상
- 정맥염
- 신장 문제
- 심장의 문제
- 임신
- 당뇨
- 심한 정맥류
- 가슴 부위
- 체중 미달/ 너무 마른 체형
- 피부가 힘없이 늘어진 피부
- 다리 정맥류
- 혈전증 활액낭염
- 온몸 부종
- 6개월 이하의 최근의 상처
- 털이 많은 고객
- 금속핀/ 판
- 생리기간 (복부)
- 도로 민감한 피부

3) 주의사항

① 한 손으로 피부를 받쳐주며 진행한다.
② 피부를 잡아당기거나 누르지 않는다.
③ 관리 시 컵에 압력을 싣지 않는다(누르지 않는다).
④ 관리하는 부위보다 반드시 작은 사이즈의 컵을 사용한다.
⑤ 석션을 사용하기 전에 먼저 관리사의 피부에 테스트한다.
⑥ 컵을 교체 시/ 다시 테스트 시 기계의 스위치를 끈다.
⑦ 최고 컵의 20% 이상 피부가 올라오지 않도록 한다.
⑧ 미네랄 오일 또는 식물성 오일을 바른 후 관리한다.
⑨ 고객을 편안하고 긴장 이완할 수 있도록 한다.
⑩ 관리 동작은 5회 정도 반복한다.
⑪ 기기 적용은 림프절 방향으로 림프의 흐름을 촉진하도록 한다.
⑫ 바디 갈바닉 또는 G5 관리 후에 적용하면 시너지 효과가 생긴다.
⑬ 사용 후 따뜻한 비눗물에 깨끗이 닦고 살균소독기에 넣어 소독한다.

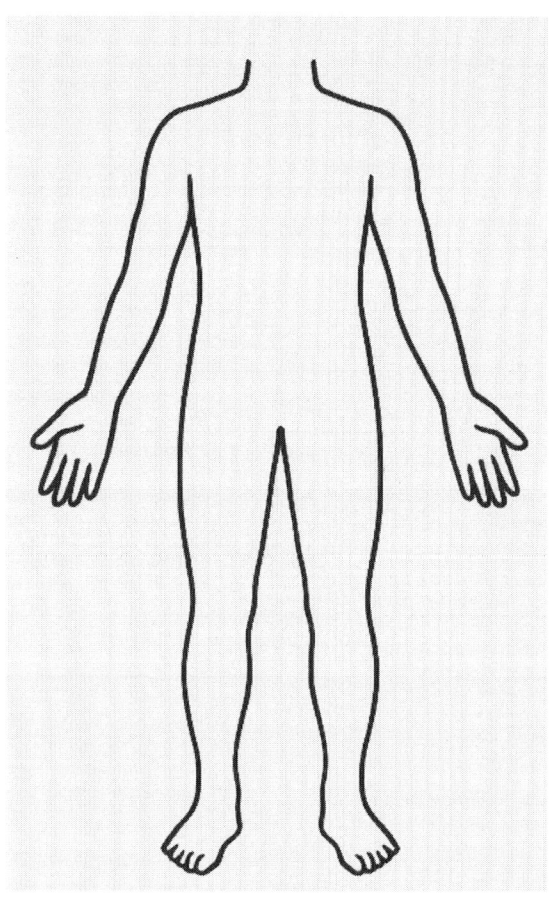 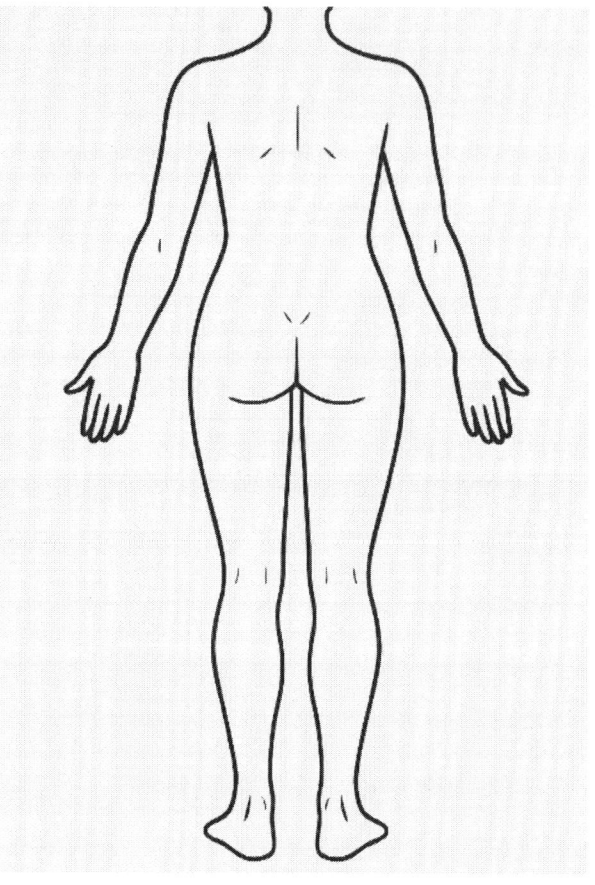

전신 전면　　　　　　　　　　전신 후면

[그림 28] 림프관리의 방향

Oral Test 예상문제 — 바디 석션 / Body Vacuum Suction

1. 바디에 흡입할 수 있는 컵의 %는?

2. 어떤 고객에게 적용하면 좋은가?

3. 석션기기 적용 방향과 림프절 부위를 그림에 표시하세요.

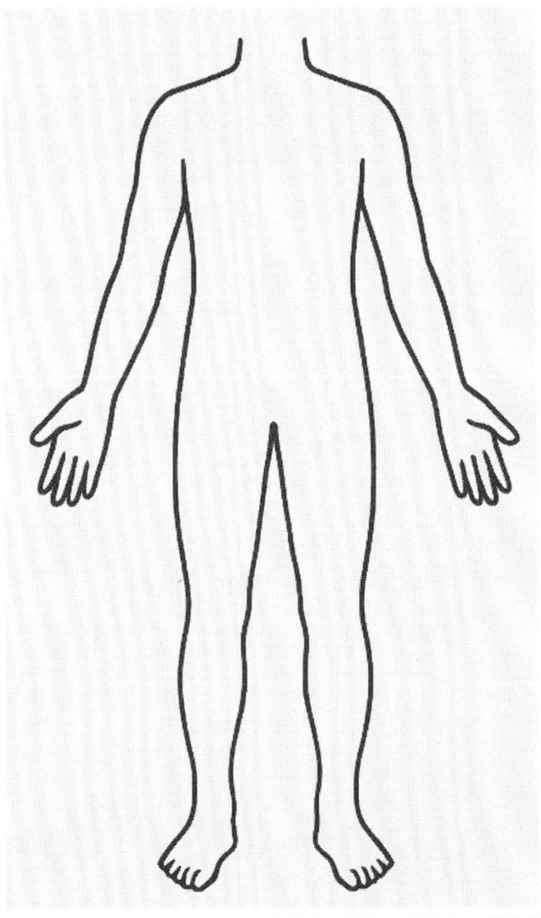 전신 전면	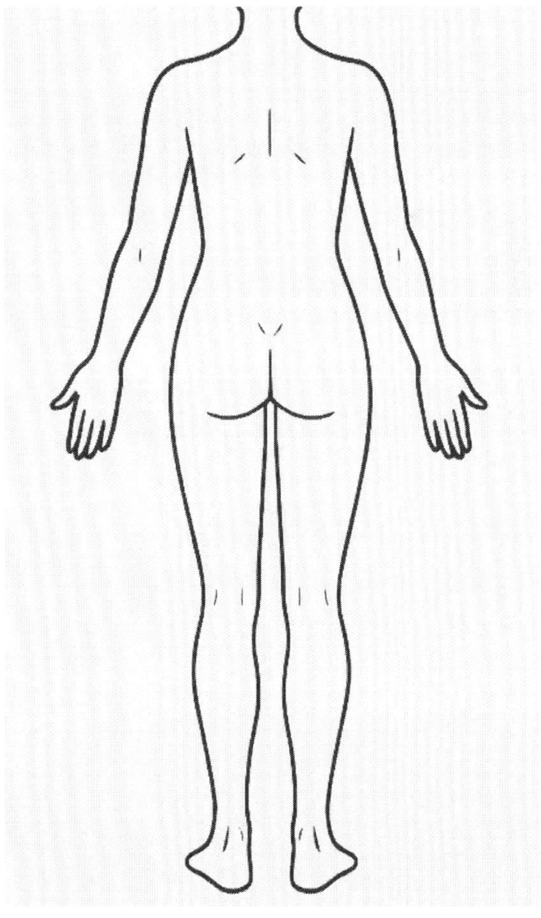 전신 후면

2. 바디 갈바닉 (Body Galvanic)

직류를 이용하여 뭉쳐있는 셀룰라이드를 부드럽게 분산시켜 안티셀룰라이트 관리를 해준다. 소금을 이용하거나 안티셀룰라이트 이온 앰플을 침투시키는 방법이 있다.

1) 효능
① 셀룰라이트 관리 시 가장 좋음
② 단단한 지방 조직을 이완시킴
③ 정체되어 있는 체액을 배출시킴

> **☑ 셀룰라이트**
> - 셀룰라이트는 울퉁불퉁한 오렌지 껍질 같은 모양을 하고 있는데 셀룰라이트는 혈액순환 및 림프순환 저하, 결합조직의 장애로서 몸의 배설 과정의 이상으로 노폐물이 몸속에 쌓이게 하여 생성된다. 느낌은 만졌을 때 차가울 뿐만 아니라 어떤 경우 통증을 느낄 수도 있다. 셀룰라이트는 3단계로 발전한다.
> ① 혈액 속의 체액과 림프는 지방조직이 두꺼울 경우 흐름을 방해하게 되어 지방조직은 체액과 림프를 정체되게 만든다.
> ② 체액은 또한 혈관의 벽을 부어오르게 하여 순환을 저하시킨다.
> ③ 지방세포의 주위의 조직은 정체된 체액과 결합하여 셀룰라이트를 만들기 시작하면서 경화시키게 된다.
>
> **☑ 셀룰라이트 형성에 영향을 미치는 요인들**
> - 배설 작용 저하
> - 순환장애
> - 잘못된 영양 섭취
> - 부족한 수분 섭취
> - 약과 호르몬제
> - 알코올과 흡연
> - 소화기능 부진
> - 체액 정체
> - 비활동적인 생활
> - 건강하지 않은 생활양식
> - 임신, 폐경기
> - 유전적 요인

2) 바디 갈바닉 기기 원리 및 작동 방법
① 갈바닉 직류를 사용한다.
② 전류의 세기는 최고 2mA 이상 사용하지 않는다.
③ 기계의 극성은 반드시 (−)극 위치에 두도록 한다.
  → 바디 갈바닉의 가장 효과적이고 활동적인 패드는 음전류를 운반하는 음극패드이다. 음극패드에서 생산되는 특정효과는 셀룰라이트를 분해하는 것을 돕는다.
   (−) 전류는 검정 패드에서 생성된다.   (+) 전류는 빨강 패드에서 생성된다.

3) 금기사항 (Contra-Indication)

- 피부감각의 상실
- 저혈압
- 당뇨
- 금속핀 / 금속판이 부착된 사람
- 베임, 멍, 찰과상
- 계통적 부종
- 순환적 / 심장관련 질병
- 감각테스트 후 감각능력이 떨어지는 경우
- 극민감성 피부
- Sunburn
- 간질
- 피부질환 및 장애
- 모세혈관 파열
- 신장질환
- 임신

> ☑ **피부감각 테스트**
> - 냉/온 감각 테스트 : 2개의 글라스를 이용하여 하나는 따뜻한 물 다른 쪽은 차가운 물을 넣어 따뜻하고 차가움을 고객이 인지하고 스스로 말하도록 하여 테스트하도록 한다.
> - 통증인지 감각 테스트 : 스틱의 날카로운 면과 둔한 면을 정확히 느끼는가에 대한 테스트 방법이다. 고객이 이 모든 감각에 대한 인지 능력이 떨어진다고 생각되면 관리는 반드시 중지되어야 한다.

4) 관리순서 및 과정 (음극성 젤을 사용할 때)

① 관리사 및 고객은 모든 악세서리를 제거한다.
② 관리할 부위에 맞는 밴드를 준비한다.
③ 8조각의 젖은 스펀지 패드를 준비한다(패드의 크기보다 약간 크게 준비한다).
④ 전원이 꺼져있는지 확인, 다이얼은 '0' 에 맞추고 극은 (-) 극에 맞춰 놓는다. 검은색 패드 위에는 젖은 스펀지 패드 위에 안티 셀룰라이트 젤을 얇게 펴 바른 후 피부에 부착시키고, 빨간색 패드 위에는 그냥 젖은 스펀지 패드를 이용해서 피부에 부착한다.

> ☑ **피부에서의 반응**
> - 음극 젤은 척력(밀어주는 힘)에 의해 피부 안으로 침투되고, 양극봉 패드는 인력(끌어당기는 힘)에 의해 잡아당기는 역할을 하게 된다.

⑤ 전원을 켜고, 천천히 다이얼을 올린다. 이때 고객에게 양극패드 쪽에서 따갑거나 찌르는 듯한 느낌이 들면 관리사에게 알리도록 한다.
   * 고객은 양쪽의 패드에서 감각을 느끼는데, 반드시 양극패드 아래에서 더욱 강한 느낌을 받게 된다.
⑥ 처음 관리 시에는 10분, 다음 관리부터는 20분으로 적용한다.
⑦ 관리 후 남아있는 젤은 마사지로 침투시키고 홈케어 방법을 안내한다.
⑧ (+)극 관리 시 (-)극의 1/4 시간, 1/2 강도로 관리, 피부산성막을 회복하려는 목적이므로 음극일 때와 시간, 강도를 같게 하면 앰플성분이 밖으로 다시 나온다.

5) 홈케어 주의사항

관리 후에도 6-8시간 동안 영향을 끼치게 되므로 고객에게 집에 돌아가서 지켜야 할 주의 사항들을 반드시 얘기해준다.

① 다음날까지 샤워나 목욕은 하지 않도록 한다.
② 당일 더 이상의 열을 주는 사우나는 하지 않는다.
③ 당일 선탠은 금지한다.
④ 물을 많이 마셔준다(독소배출 및 순환을 위함).
⑤ 당일 수영 금지
⑥ 젤을 닦아내지 않는다.

6) 추가사항

① 시너지 효과를 위하여 기계 적용 전에 적외선램프나 마사지, G5, Faradic 관리를 시술할 수 있으며 갈바닉 바디 기계 후 Vacuum 석션을 하면 좋은 관리가 될 수 있다.
② 갈바닉 기계 사용 전에 피부는 반드시 Body peel을 이용하여 각질을 제거하도록 한다.

> ☑ **Anti-Cellulite Gel**
> - 바디 갈바닉에 사용되는 안티셀룰라이트 젤은 셀룰라이트와 함께 정체된 체액을 제거하는 제품이다.
>   - 아이비, 사이프러스, 샌달우드, 카페인 - 이뇨작용
>   - 호오스 체스넛 - 혈관수축제
>   - 미역 - 독소 제거

7) 주의사항

① 관리시간 동안 고객이 스스로 전류의 세기를 높일 수 있어 화상을 일으킬 수 있으므로 관리사는 고객 곁을 절대로 떠나서는 안된다.
② 관리 후 회색 수포가 나타난 경우, Wet burn으로 여기며 고객은 반드시 병원을 가도록 조치한다.

8) 패딩 방법

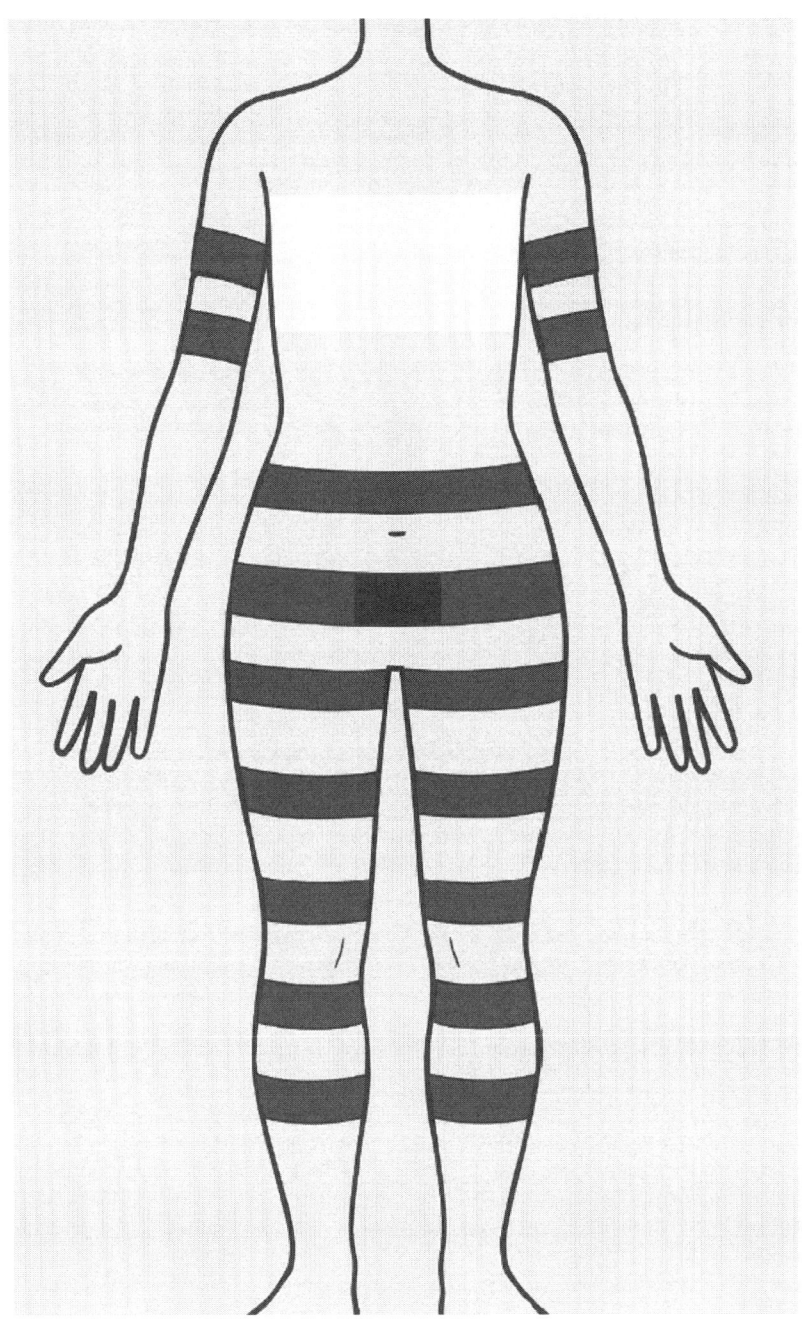

[그림 29] 갈바닉 전면 패딩법

Oral Test 예상문제 바디 갈바닉 Body Galvanic

1. 바디 갈바닉 기기의 목적(효과)은 무엇인가?

2. 바디 갈바닉 기기의 부적응증은 무엇인가?

3. (-)극에서 일어나는 반응은 무엇인가?

4. (+)극에서 일어나는 반응은 무엇인가?

5. 보통 몇 mA까지 사용하는가?

6. 강도는 어떻게 정하는가?

7. 몇 분까지 사용하는가? 그리고 점차 몇 분까지 늘리는가?

8. 앰플의 성분과 그 효과는 무엇인가?

9. (+)에서는 (-)극의 (   ) 시간 (   ) 강도로 관리를 해준다.

10. 도자를 왜 비스코스 커버나 거즈에 패치를 감싸야 하는가?

11. 고객에게 앰플의 알러지 현상이 생긴다면 어떻게 해야하는가?

12. 열 화상과 화학 화상의 차이는 무엇인가?

13. 기계를 사용하기 전에 고객에게 어떤 테스트를 하는 것이 좋은가?

14. 패드 1스퀘당 세기는?

15. 관리 시 사용하는 패딩법은 무엇인가?

16. 왜 대각선으로 패딩하면 안되는가?

17. 기기 사용 시 주의사항은 무엇인가?

18. 셀룰라이트의 성분과 생기는 이유는?

19. 셀룰라이트의 단계를 쓰시오.

- 1단계 :

- 2단계 :

- 3단계 :

- 4단계 :

20. 셀룰라이트와 지방의 차이점은?

21. 근육 이름과 패딩 위치를 그림에 표시하세요.

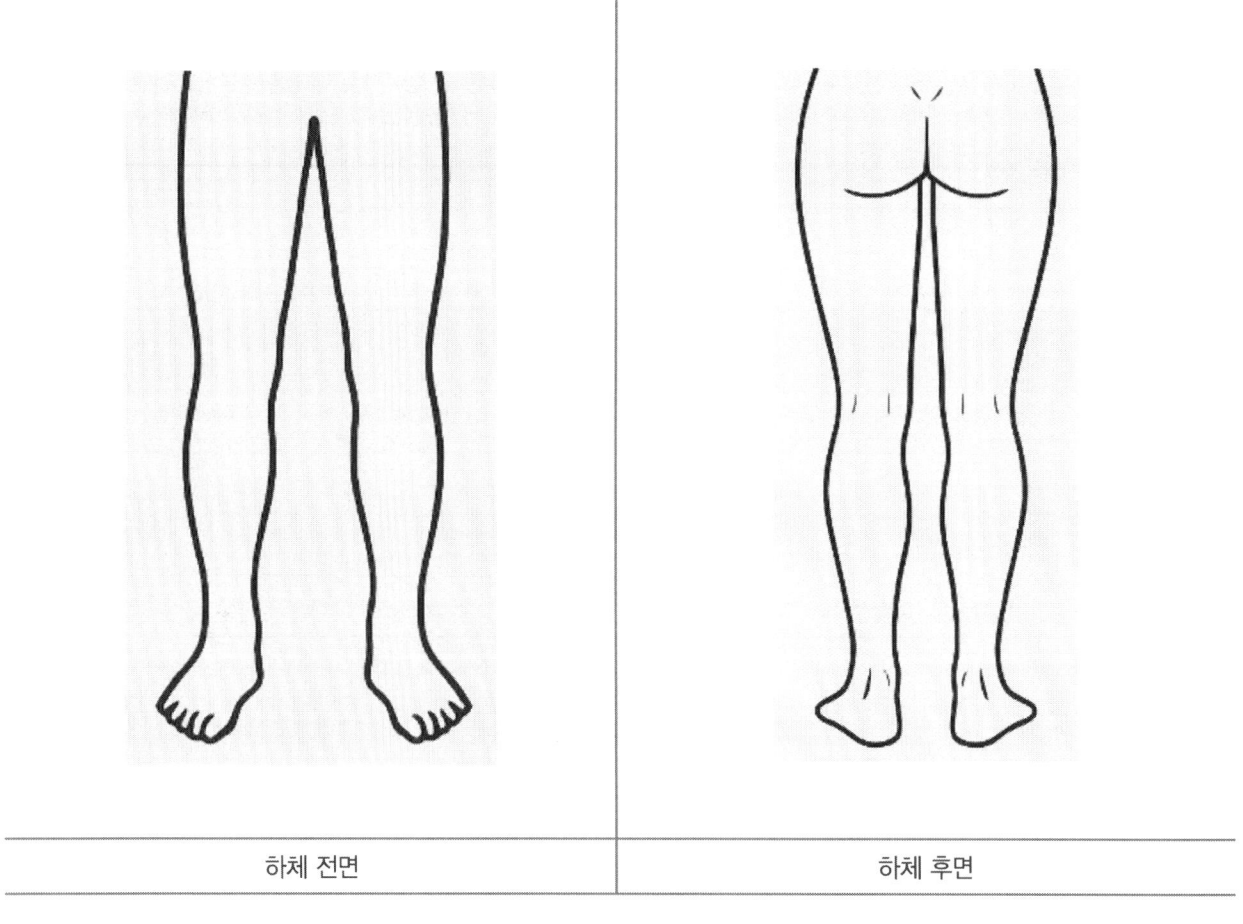

| 하체 전면 | 하체 후면 |

3. 바디 파라딕 (Body Faradic)

저주파(1~1,000 Hz)의 단속직류전류를 이용하여 근육의 운동신경을 자극하여 근육을 운동(등척성 운동) 시켜 체형 관리를 해준다.

1) 사용법

① 고객의 몸에 유분기가 없도록 온습포로 잘 닦아준다. 깨끗하고 따뜻한 피부가 전류를 전달하는데 가장 좋다.
② 고객의 몸에 알맞은 길이의 벨트를 묶어준다.
③ 패치에 통전젤을 바른 후 근육의 기점(시작점)에는 (+)패드, 종점에는 (-)패드를 붙여준다.
  - 패드에 줄이 있는 것이 (-)극이다.

> ☑ **근육의 기점이란 운동점(모터포인트)을 말한다.**
> 운동점은 신경이 들어오는 곳(시작되는 곳)으로 반대로 붙이면 수축효과가 떨어진다.

④ 스위치 ON-> Hz 조절-> 시간-> 스타트-> 다이얼 볼륨을 근육의 수축이 보일 때까지 조금씩 올린다. 다이얼을 움직일 때는 불이 들어올 때 올린다(불이 들어오면 수축, 나가면 이완). 한 손은 패드 위에 올려놓고 다이얼을 올려야 고객이 어느 부위를 하는지 예상할 수 있고 관리사도 수축이 되는지 알 수 있다.
⑤ 타이머가 끝나면 스위치를 끄고 패치를 제거, 고객의 몸을 잘 닦아준다.
⑥ 따뜻한 물에 중성세제로 잘 씻어준 후 소독기에 보관한다.
⑦ 20~40분 주 2~3회씩 6~8주 관리, 처음에는 부드럽게, 점점 강도를 높여준다.

2) 주파수

- 주파수로 운동점을 자극하는 초당 펄스 폭을 선택한다.
- 펄스 (PULSE)란 근육에서 전류가 머무르는 시간(지속시간)을 말한다.
- 주파수가 낮을수록, 펄스 폭이 넓어져 더 강하게 수축된다.
- 60~90Hz : 체형, 자세 관리를 위한 심층 운동/ 백근, 적색근 모두 사용
- 120Hz : 표면 근육만 자극하여 확실한 변화나 수축, 강도의 증가를 느끼지 못함/ 아주 뚱뚱한 사람은 지방이 많아 (절연체) 처음 시작 단계에 사용
- 근육량 보다는 지방량을 생각해서 Hz를 정하는 것이 좋음

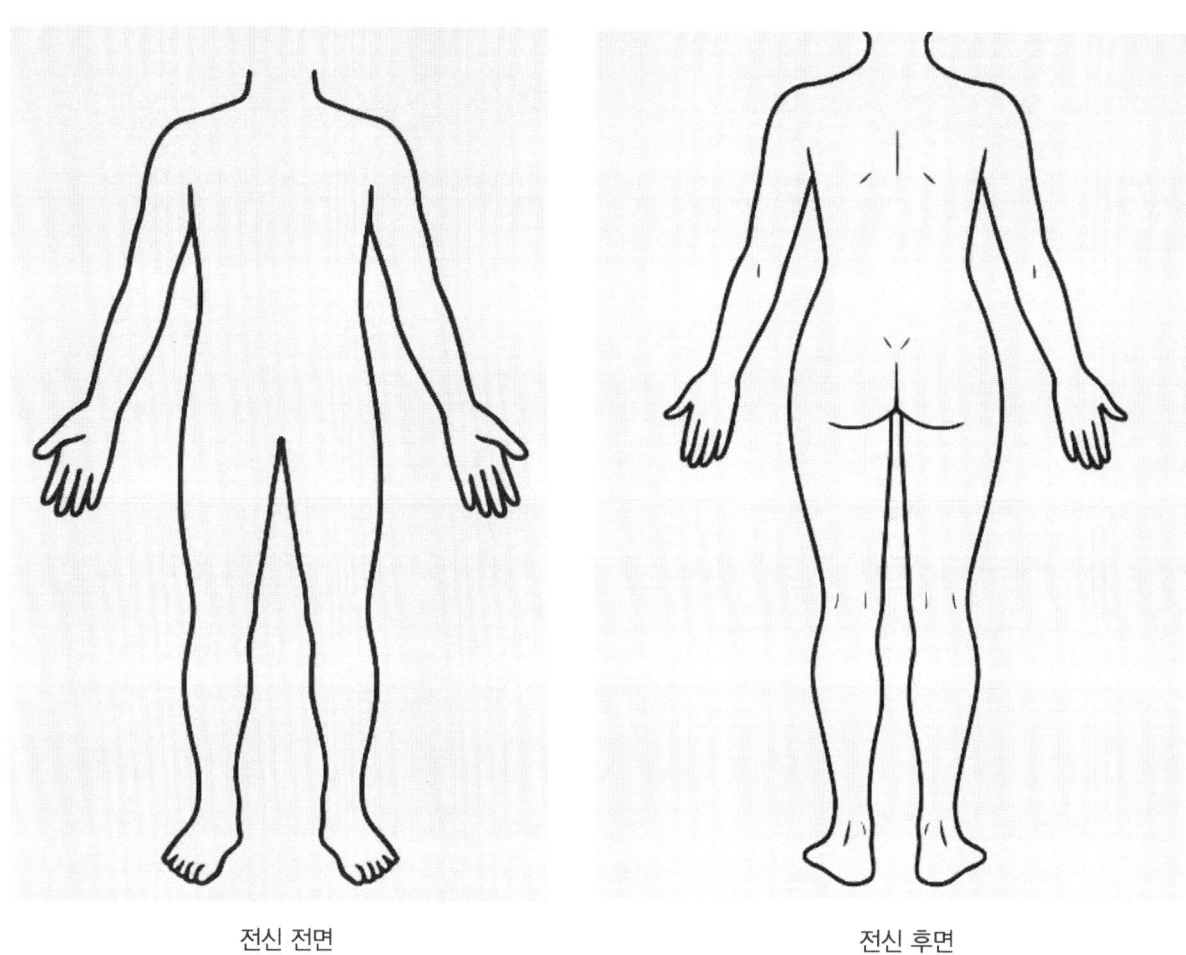

전신 전면　　　　　　　　　　　　전신 후면

[그림 28] 림프관리의 방향

Oral Test 예상문제   바디 파라딕 Body Faradic

1. 바디 파라딕의 원리는 무엇인가?

2. 파라딕 기기의 효과는 무엇인가?

3. 근육의 기점에는 (　　)극의 패드, 종점에는 (　　)극의 패드를 붙여준다.

4. 파라딕 기기는 직류인가? 교류인가?

5. 패드의 극성은 어떻게 알 수 있는가?

6. 패드에는 어떤 성분이 들어있는가?

7. 기기의 보관방법은 무엇인가?

8. 주 몇 회씩 몇 주 관리를 해야 효과가 나타나는가? 사용 시간은?

9. 튼살이 많은 복부에 파라딕을 사용해도 되는가?

10. 단상성 파동(모노페이직)이란?

11. 이상성 파동(베이페이직)이란?

12. 수축이 짧아야 하나, 이완이 짧아야 하는가?

13. 만약 근육의 움직임(수축)이 잘 보이지 않는다면 그 원인은 무엇인가?

14. 패딩법의 종류와 그 적용 용도는?(근육으로 예를 드시오.)

15. 신체의 앞, 뒤로 패드를 같이 붙여도 되는가?

16. 사용 후 체중의 변화가 생기는가?

17. 파라딕은 어떤 운동인가? (등척성 운동, 등작성 운동 중 고르세요)

18. 같이 병행하면 좋은 요법들은?

19. 주의사항은 무엇인가?

20. 부적응증은 무엇인가?

21. 패딩 방법을 그림에 표시하세요.

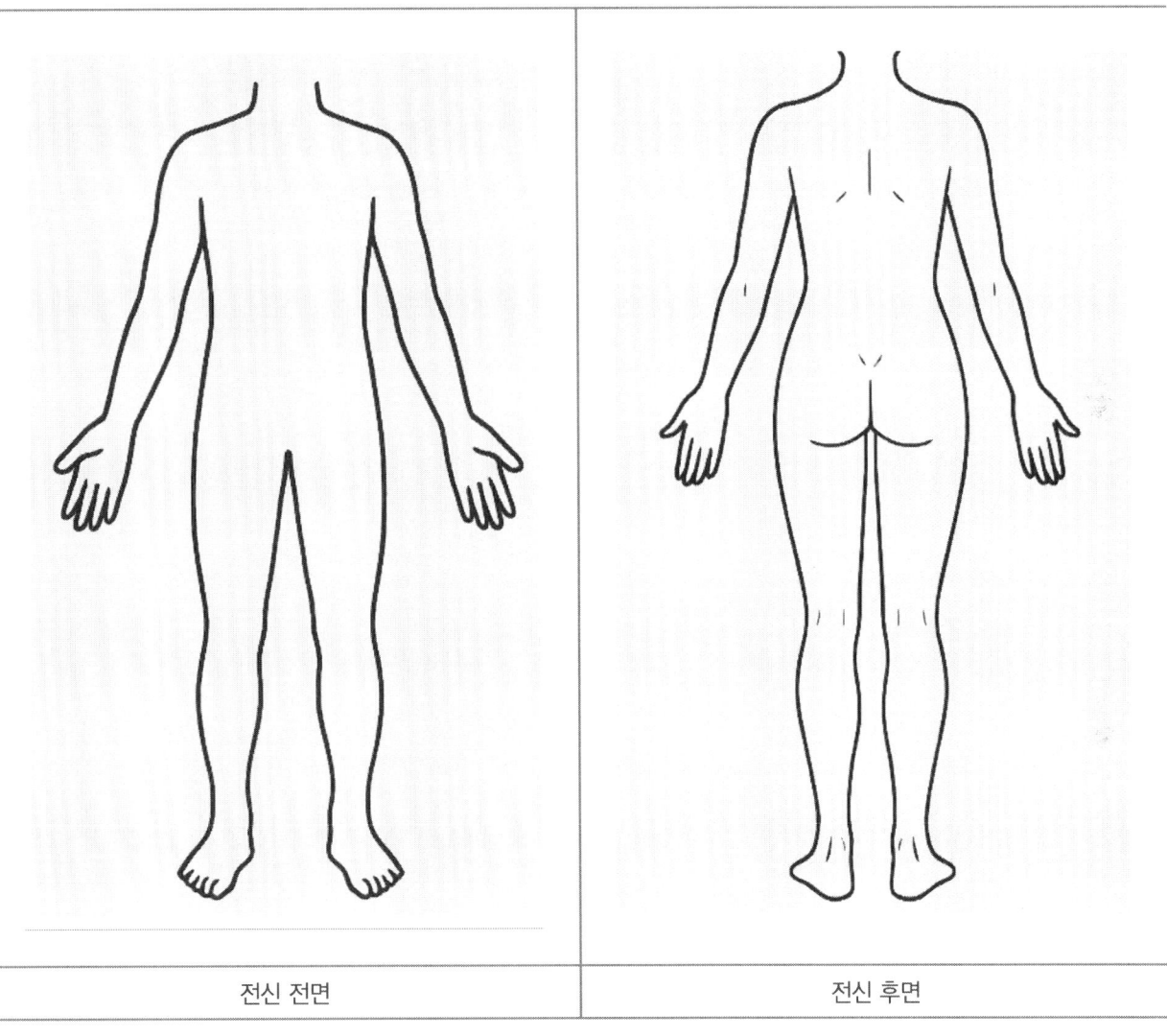

| 전신 전면 | 전신 후면 |

4. G5 (Gyratory 5)

G는 gyratory의 약자로 '회전하다'의 뜻으로 회전수(rpm)를 이용한 바디기기이다. 스웨디쉬 마사지의 5가지 방법인 쓰다듬기, 반죽하기, 두드리기 등을 이용해서 G5로 이름 붙여졌다.

 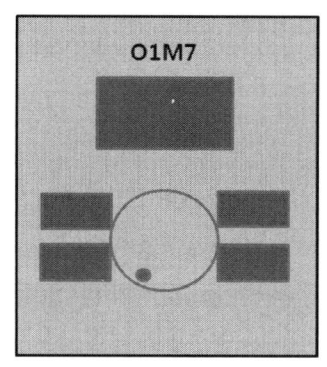 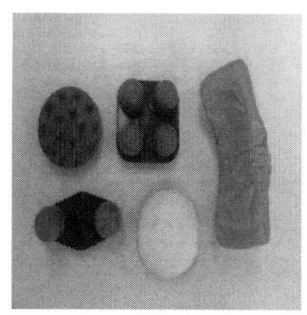

1) 효과
① 전신 관리
② 스웨디쉬 마사지 효과 (핸드마사지 보다 1/3 짧은 시간에 효과를 봄)
③ 신진대사 촉진
④ 근육이완과 근육통을 줄이기 위해 관리한다.
⑤ 혈액순환 자극으로 체온을 높여 전처리 과정으로 사용할 수 있다.

2) 주의사항
① 헤드의 도자를 떨어뜨리지 않게 어깨에 매거나 옆구리에 끼고 안정감 있게 사용한다.
② 옆구리 부위는 멍이 들 수 있으니 피하는 것이 좋다. 너무 마른 복부는 관리를 하지 않는 것이 좋다.
③ 신장 부위는 스치듯이 관리한다.
④ 심장 방향(위)으로 올려주기만 한다. 왕복으로 내려오지 않음
⑤ 헤드를 교체할 때는 고객의 위에서 하지 않는다(떨어뜨릴 수 있음).
⑥ 손으로 피부를 꼭 받쳐준다.
⑦ 탈크 파우더를 바른다(털 꼬임 방지, 마찰력 최소화). 스펀지 때문에 오일 사용은 안된다.
⑧ **헤드 사용 순서** : 쓰다듬기 → 반죽하기 → 두드리기 → 쓰다듬기

3) 부적응증
① 모세혈관 확장　② 화농된 상처　③ 정맥류가 심한 사람
④ 간질　⑤ 당뇨병　⑥ 다모부위
⑦ 혈전증　⑧ 너무 마른 사람　⑨ 임산부(배 부위 피해야함)

4) 소독 보관 방법

① 거즈는 1회용이므로 새것을 사용한다.

② 파우더가 묻은 봉은 알콜로 깨끗이 닦는다.

5) 헤드의 종류와 사용방법

① 쓰다듬기(Effleurage) : sponge head, curved & disk shaped / 혈액순환 및 신진대사 증진

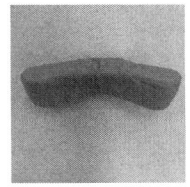 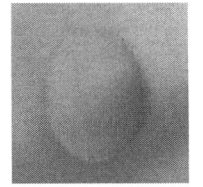

곡형 스펀지   원형

- 한 손으로는 헤드를 다른 한 손으로는 쓰다듬는 동작을 하므로 기기와 매뉴얼 에플라지가 병행되도록 한다.
- 몸 전체에 적용할 경우 몸의 곡선을 따라 정맥이 흐르는 방향으로 한다.
- 근육의 시작 부분과 끝부분에서 압력을 약하게 하고, 근육의 중간 부위에서는 압력을 보다 강하게 한다.
- 관리사의 손이 충분히 헤드를 지탱하고 있어야 한다.

② 반죽하기(Petrissage) : single & double ball head, egg box / 지방조직 및 셀룰라이트 연화

 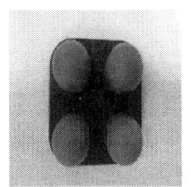

고운침봉   4봉

쇄골, 견갑골, 척추, 슬개골 부위에 위치한 근육에 사용한다.
- 헤드를 잡지 않은 다른 한 손으로 근육을 헤드 쪽으로 밀어주어 그 부분의 조직을 반죽하는 효과를 나타내도록 한다.

③ 문지르기(Friction) : single & double ball head / 근육이완 및 근육 통증 완화

 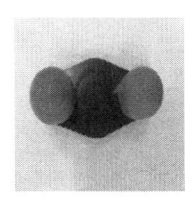

1봉   2봉

- 주로 큰 근육 마사지에 사용한다.
- 둔부와 같이 근육이 많은 부분에 깊은 압력을 주면서 사용한다.
- 주로 지방이 뭉쳐있는 부위나 두꺼운 조직이 있는 부위에 깊숙하게 마사지하는데 사용한다.

Oral Test 예상문제 G5 Gyratory 5

1. G5 기기의 뜻은 무엇인가?

2. G5의 원리는 무엇인가?

3. G5의 효과는 무엇인가?

4. 순환을 더 증진시키려면 어떻게 해야 하는가?

5. 더 깊고 시원한 케어를 원하면 어떻게 하면 되는가?

6. 탈크 파우더를 바르는 이유 2가지는 무엇인가?

7. 왜 오일 대신 파우더를 발라야 하는가?

8. 일반적인 손으로 하는 마사지와 무슨 차이가 있는가?

9. G5 기기의 부적응증은 무엇인가?

10. 기기 관리 시 주의할 사항은 무엇인가?

11. 헤드의 사용 순서는 무엇인가?

12. 각 헤드의 이름과 효과를 쓰시오.

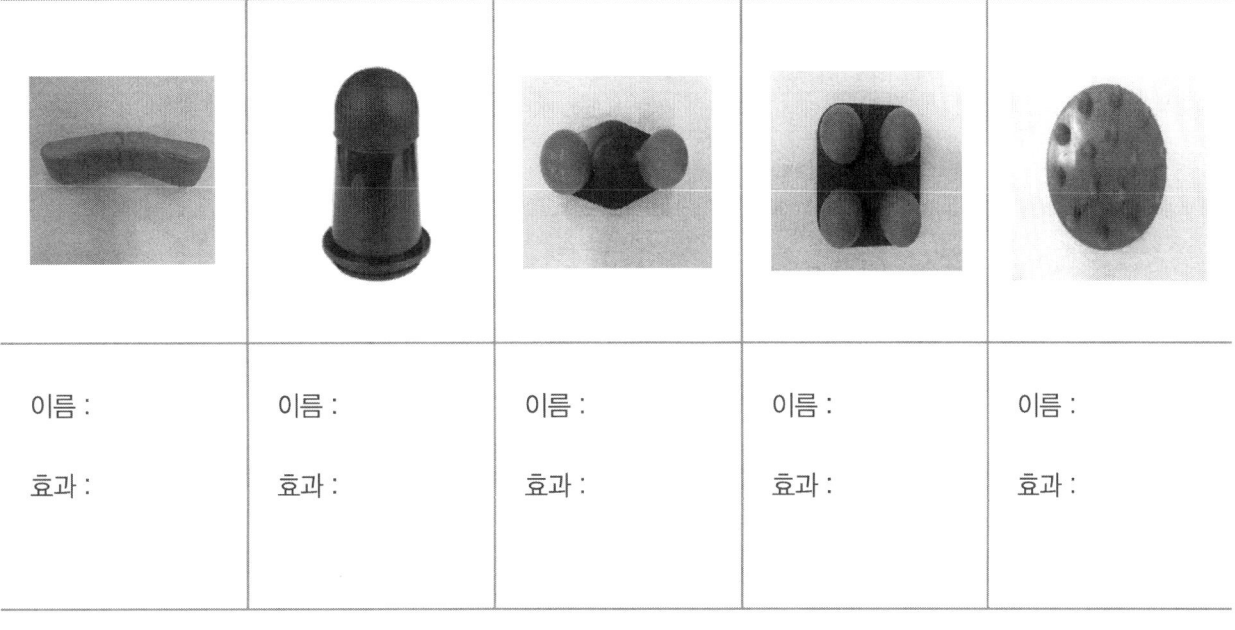

이름 :	이름 :	이름 :	이름 :	이름 :
효과 :	효과 :	효과 :	효과 :	효과 :

5. 바디 초음파 (Body Ultrasound)

초음파는 진동 주파수가 20,000 Hz 이상으로 인간의 귀로는 들을 수 없는 불가청 진동음파이다. 초음파가 조직에 미치는 효과는 온열과 비온열효과로 구분된다.

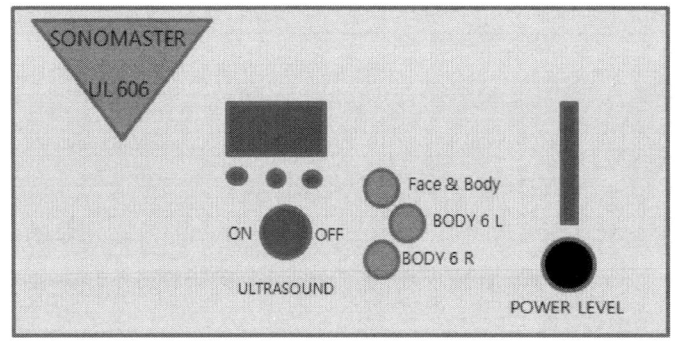 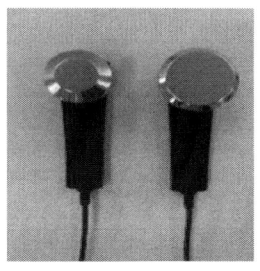

1) 효과

① **온열효과** : 조직에 초음파를 적용하면 조직의 분자에서 초음파 에너지를 흡수하여 열에너지로 전환한다. 따라서 초음파 에너지의 흡수에 의해 선택적으로 조직의 온도를 상승시킬 수 있다.

② **비온열효과** : 조직회복, 정맥류궤양의 치료, 4 욕창의 치료, 혈류개선, 섬유아세포의 활성화에 이용되고 있다.

③ **온도상승** : 피부에 초음파를 적용하면 조직의 분자에서 에너지를 흡수하여 선택적으로 조직의 온도를 상승시킬 수 있다.

④ **세정작용** : 초음파 기기는 전자장이나 스펙트럼이 아닌 음향으로부터 얻어진다. 피부로 흡수된 물 분자는 다시 내부의 노폐물과 충돌하여 노폐물의 분해를 촉진시켜 외부로 쉽게 배출되게 한다.

⑤ **생화학적 기능** : 약한 진동수의 초음파는 세포의 DNA 합성을 원활하게 하므로 세포재생 효과가 있다.

⑥ **마사지 작용** : 초음파의 미세 진동이 피부와 신체에 작용을 하면 조직의 세포 내에 마사지 효과가 나타나게 되고 세포 구조의 이완, 부종감소, 신진대사 촉진 등 음파영동 등의 효과가 나타난다.

⑦ **지방분해 작용** : 초음파의 매초 100만 회의 마이크로 마사지 작용으로 지방을 연소시키고 균형 잡힌 바디 라인을 만들어준다.

2) 사용방법

- 착용된 모든 금속물을 제거한다.
- 전용 젤이나 앰플 등을 도포한다.
- 피부의 중심에서 바깥쪽으로 원을 그리면서 이동하며 실시한다.
- 관리시간은 5~15분 정도 실시한다.

3) 주의사항

- 초음파 기기를 적용하려는 부위를 깨끗이 한다.
- 초음파 프로브와 피부 사이에 초음파 전달 매개 물질인 젤을 바른다.
- 너무 빠르거나 느리지 않게 적용시킨다.
- 한 부위에 5초 이상 머무르지 않고 계속 이동해야 한다.
- 뼈나 관절 부위는 적용하지 않는다.
- 관리시간은 15분을 넘기지 않는다.
- 피부에 상처를 줄 수 있으므로 스테인리스 표면을 손상시키지 않는다.

4) 비적용증

- 염증이나 상처부위
- 인공심장 박동기
- 전염성 피부질환
- 악성종양
- 임산부
- 심장질환자, 혈압이상자, 혈전증
- 신체에 금속을 삽입한 자

5) 기기 적용 방법

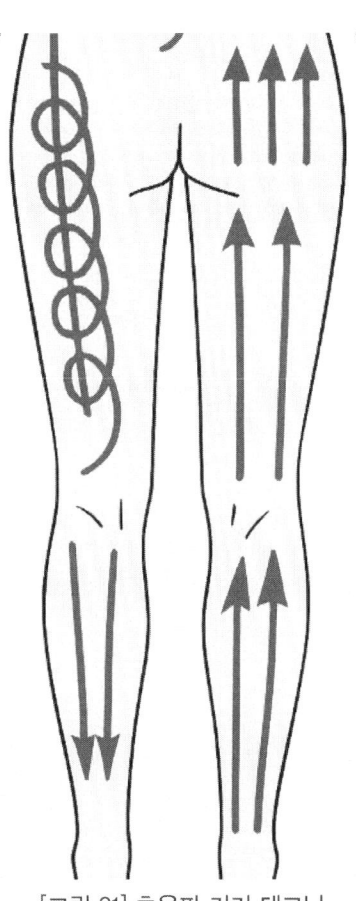

[그림 31] 초음파 기기 테크닉

바디 챠트 작성 – 1

CLIENT CARD

Therapist's name	
Client's name	
Telephone (Home/Work/Mobile)	
Occupation	

Lifestyle ☐ Active: ☐ Inactive:

Exercise: _____

Type: _____

Frequency: _____

Diet: _____

General Health			
Insomnia		Stress & Tension	
Constipation		Smoke	
Alcohol		Allergies – incl. foods	
Asthma		Blood pressure	
Cardiac / Heart disease		Claustrophobia	
Diabetes		Eating disorders	
Epilepsy		Hormonal imbalances	
Migraines		Pregnant	
Skin disease		Nervous disorders	
Poor circulation		Oedema	

Medication (includes Retinoic Acid, Herbal, Vitamin and Mineral supplements)

_____

_____

바디 챠트 작성 – 2

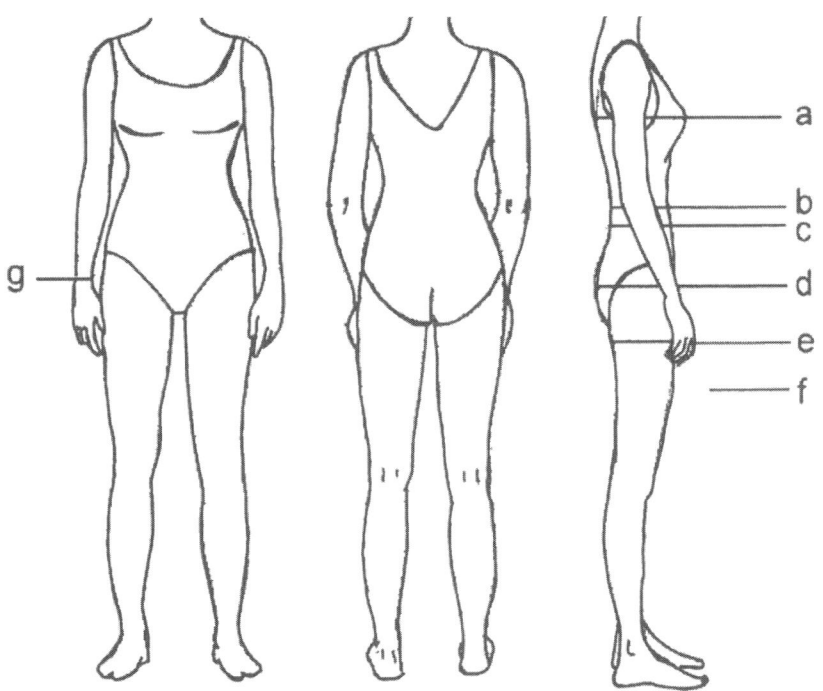

Skin disorders / imperfections (marked on diagram)	
Posture faults	
Fat	
Cellulite	
Poor muscle tone	
Stretch marks	
Use of retinoic acid medications	
Warts / moles	
Varicose veins / Thread veins	
Sunburn	
Recent scar tissue	
Bruising	
Broken skin	
Bacterial or viral skin diseases with names	
Cuts / Abrasions	
Scabies / lice	
Thin skin	
Fluid retention	
Others (state)	

Current body products: _____

Oral Test 예상문제 바디 챠트

1. BMI의 뜻과 계산방법은 무엇인가?

2. 코끼리형의 특징은 무엇인가?

3. 기린형의 특징은 무엇인가?

4. 호랑이형의 특징은 무엇인가?

5. 다음의 고객에게는 어떠한 제품 추천을 할 것인가? 그 성분은?

   ■ 건조한 피부 :

   ■ 각질이 많은 피부 :

   ■ 여드름이 많은 피부 :

   ■ 손발이 차고 부음증세가 있는 고객 :

   ■ 발뒤꿈치가 트고 갈라진 고객 :

6. 식이요법 추천

- ■ 변비 :

- ■ 셀룰라이트 :

- ■ 과체중 :

- ■ 저체중 :

7. 하루 평균 Kcal 권장량은?

- ■ 남:
- ■ 여:

8. 운동요법

- ■ 복부 :

- ■ 하체 :

- ■ 팔 :

- ■ 어깨 :

- ■ 엉덩이 :

- ■ 허리 :

9. 척추 전만증의 원인과 완화시키는 방법은?

10. 척추 후만증의 원인과 완화시키는 방법은?

11. 척추 측만증의 원인과 완화시키는 방법은?

19. 제모 (Depilation)

1. 준비물

Wax (Warm wax, Hot wax) 전 처리제, 후 처리제, 무슬린 천, 나무 스파츌라, 족집게, 코털가위, 키친타올, 종이컵, 위생장갑, 파우더, 마른 솜, 분첩, 젖은 솜

2. 제품

① 탈모 왁스 성분 : 웜왁스 – 꿀, 글리세린 / 핫왁스 – 밀납, 로즈
② 프리혼 로션 : 카모마일, 알코올 (**효과** : 살균, 소독, 자극 감소, 분비물 제거)
③ 에프터혼 로션 : 에탄올, 토코페롤 (**효과** : 진정, 보습)

3. Wax 탈모의 특징

① 몸 전체 탈모 가능
② 모근까지 제거해 효과가 오래 지속됨 (보통 4~5주)
③ 털의 재성장도 쉽게 일어나지 않고 피부와 모낭에도 화학적인 해를 끼치지 않는다.

4. 왁스의 부적응증

심한 타박상, 궤양, 정맥류, 혈전증, 외상, 찰과상, 종기, 발진, 골절, 탈골, 썬번, 화상, 사우나 직후, 선텐 직후, 사마귀, 매우 얇은 피부, 당뇨병

5. 왁싱 후에 고객에게 조언해 주어야 할 주의사항

① 탈모 후 출혈이 있을 경우는 알코올을 이용해 진정, 소독
② 24시간 동안 샤워를 피한다(탈모부위를 피해 가벼운 샤워정도는 무관).
③ 탈모 후 사우나는 피한다.
④ 탈모 후 물속에 오래 있으면 안된다(수영을 피함).
⑤ 일광욕을 피한다.
⑥ 팬티스타킹 같은 꽉끼는 옷을 피한다.
⑦ 12-24시간 동안 방취제 사용을 피한다.
⑧ 감염을 피하기 위해 청결을 유지한다.

6. Hot Wax 시술 : 민감한 부위의 억세고 거센털(비키니, 겨드랑이, 페이스) / 63 ℃

① 프리혼 로션 바르기 (너무 긴 털은 코털 가위로 잘라준다)
② 파우더 바르기 (땀이나 수분을 제거하여 왁스의 밀착력을 높이기 위해)
③ 왁스의 온도를 손목 안쪽에 체크한다.
④ **왁스 바르기** : 털의 반대방향
⑤ **떼어내기** : 털의 반대방향으로 떼어낸다. (텐션 주기)
⑥ 손으로 탈모부위를 눌러 재빠르게 진정시킨다.
⑦ 에프터혼 로션 바르기

7. Warm Wax 시술 : 넓은 부위의 팔, 다리 털 / 45℃

① 프리혼 로션 바르기
② 파우더 바르기 (땀이나 수분을 제거하여 왁스의 밀착력을 높이기 위해)
③ 왁스의 온도를 손목 안쪽에 체크한다.
④ **왁스 바르기** : 털이 난 방향
⑤ 털의 방향대로 무슬린천을 붙인 후 손바닥을 이용해 문지른다.
⑥ **떼어내기** : 털이 난 반대방향으로 빠르게 뗀다. (텐션 주기)
⑦ 손으로 탈모부위를 진정시킨다.
⑧ 에프터혼 로션

8. 나무 스파츌라를 쓰는 이유 : 열의 전달을 막기 위해

9. 왁싱 후 나타날 수 있는 현상

- 인그로잉 현상이 생기는 원인
  - 데미지가 생겨서 피부 스스로 각질을 과다 생성
  - 건조해서 (왁싱 후 밀크로션 바른다.)
  - 옷을 타이트하게 입어서
- **빨개지는 현상이 생기는 원인** : 가려움, 긁어서
- **거세지는 현상이 생기는 원인** : 모근까지 안 뽑히고 털이 끊겨서

10. 위생장갑을 착용하는 이유 : 에이즈의 감염을 막아 관리사를 보호하기 위해

Oral Test 예상문제 — 제모 Waxing

1. 핫왁스 성분, 온도는?

2. 웜왁스 성분, 온도는?

3. 전처리 성분은 무엇인가?

4. 후처리 성분은 무엇인가?

5. 제모 부적응증은 무엇인가?

6. 제모 후 털이 안으로 자라는 인그로잉 현상이 나타나는 이유는 무엇인가?

7. 제모 후 고객에게 어떤 조언을 해주는가?

8. 털의 사이클 중 어떤 단계의 털이 제거되기 쉬운가?

9. 제모 후 기간이 얼마 지나면 다시 털이 자라는가?

10. 제모 전에 털을 자르는 이유는 무엇인가?

11. 웜왁스 바르는 방향과 떼는 방향은?

■ 바르는 방향 :

■ 떼는 방향

12. 핫왁스 바르는 방향과 떼는 방향은?

■ 바르는 방향 :

■ 떼는 방향

Oral Test 예상문제 기타

1. 알콜 소독의 농도는 몇 %인가?

2. 피부 관리실에서 UV 소독기 외에 쓸 수 있는 소독 장비는 무엇인가?

3. 바디 기기 시 무엇을 먼저하고 나중에 하는지 체크하세요. 그 이유는?

- G5, 석션 :

- 석션, 파라딕 :

- 파라딕, 갈바닉 :

- G5, 파라딕 :

- G5, 갈바닉 :

- 석션, 갈바닉 :

4. 각 기기의 관리 목적을 쓰시오.

- 고주파직접 :

- 고주파간접 :

- 석션 :

- 이온토(지성앰플) :

- 이온토(민감앰플) :

- 이온토(수분앰플) :

- 이온토(V.C 파우더+수분앰플) :

- 파라딕 :

종합피부미용

Face & Body
분석과 실전 가이드

초판   2025년 8월1일

지 은 이 | 장혜륜
발 행 인 | 송영우
발 행 처 | 뷰티산업연구소
주   소 | 서울특별시 서초구 방배로 123 미용회관 6F
연 락 처 | 02-588-7220
출판등록 | 제2019-000281호
이 메 일 | kobbm@naver.com
홈페이지 | www.bii.seoul.kr
제작/공급 | (주)애드봄 (T.031-908-7937)
ISBN 979-11-984072-1-4(13060)

장혜륜, 2025
본 도서의 저작권은 저자에게 있으며, 출판사의 서면 허락 없이 무단 복제 및 전재할 수 없습니다.